都市はよみがえる

山下昌彦

鹿島出版会

いちばん大切なことは目には見えないんだよ
（サン・テグジュペリ『星の王子さま』）

アドリア海に臨む半島の都市国家コルチュラ、宝石のようなまちである。クロアチア

はじめに

都市・まちにほんの少しでも興味を抱いてくださっている方にはぜひ一度読んでいただきたいと思ってこの本を書きました。

私は一九七五年に初めて海外に行きました。東欧、中近東の集落調査に参加し宝石のように美しい都市や村落をたくさん見ました。一九八一年からは二年半ほどハンブルクという都市に住みつき、暇を見つけてはヨーロッパ中の都市を見て廻りました。帰国後まち歩きが趣味になってしまい、海外・国内手あたり次第ほっつき歩きました。

初めて海外の都市・まちを見たとき、私はかなりのショックを受けました。世界にはたくさんの美しい都市があるのに、今日日本のまちはどうして今いちなんだろう？　とずっと考えてきました。建築家という職業柄もう少しましにならないかと、奮闘もしてみましたが、なかなかうまくいきません。どうしてこうなったかを分析すれば何とかなるのではないかと考えました。

その見通しは甘く「どうしてこうなったか」の泥沼は深く、今や私はほとんどおぼれかけております。そうした中でいくつか気付いたこともあります。それはこれからどうすれば良いかのヒントになりそうだと思いました。その「ヒントのワラ」を皆さんにおぼれ切る寸前に放り投げておきたい気持ちになりました。のちのち皆さんで話し合っていただくときのオツマミになればいい、というくらいの「たわごと集」であります。無責任といえば無責任な話ですが。

あるとき、私は昨今の日本人の気持ちの中にある「ひとごと」感に気が付きました。良いまちは空から降ってくるものだというような感じです。住人自身がみずから良いまちをつくろうとしなければ、そんなものは実現するわけがありません。その後はこのひとごと感は一体どこからきたのだろうと考えつづけてきました。最近になってやっとひとつの事実に思いいたりました。それは何のことはない、今日の日本人が「まちは大切だ」と思っていないからだということであります。

この本は四章から構成されています。第Ⅰ章はモノとの関係、秩序の感覚などが、日本人は西欧人と少し異なっているということを主に記しました。世界スタンダードからすれば、案外日本人は特殊な人たちなのです。モノの集積が建築・都市になるのであれば、それをふまえて日本人にとって良いまちを考えていくべきだと思いました。

第Ⅱ章では欧米の都市史を振り返りました。明治以来日本人は建築については西欧から多くを学びましたが、都市については案外学習してきませんでした。特にヨーロッパ都市の中の華というべき「中世都市」の伝統は見過ごしてきたのではないかと思います。日本人が明治維新後に追いかけたヨーロッパの大都市は産業革命のために壊滅的な退廃をさらけ出し、そのままコピーすればいいというような代物ではなくなりました。アメリカは独自に大都市と郊外住宅地という新しいスタイルを展開していましたが、そのスケールはあまりにも大きく、私たちが追随できるような代物ではありませんでした。日本人はどれをお手本にしたらいいのか迷わざるをえませんでした。

第Ⅲ章ではあらためて日本の都市の歴史を振り返りました。江戸期の日本には美しいまちがたくさんありました。しかし明治維新は江戸期の日本の都市を徹底的につぶしてしまいました。殖産興業・交通革命に走ったことが原因となりました。

第Ⅳ章は日本のまちはどうしたら良いかについて思いつくまま記してみました。こうすればいいというようなしっかりしたレシピはお示しできていません。第Ⅱ章・第Ⅲ章で言及したように西欧にも日本にもたくさんの良いお手本は残っています。それらを見習いながらもう一度日本のまちを組み立てていっていただきたいと思っています。それに必要なヒントは列挙したつもりです。

日本はいつの間にか勝ち組と負け組がバラバラに散在する国になってしまいました。そこでは勝ち組が負け組をカバーする調整の仕組みがなくなってしまっています。企業が揺らいだ途端日本人は自分たちを守ってくれるものは何もないことに気付かざるをえなくなりました。本来は都市こそが私たちを守ってくれるべき存在だったのです。都市こそがひとつの宇宙であり、私たちが生きていく単位であることを認識すべきでした。今からでも遅くはありません。都市をもっと大切にしていくべきであります。

第Ⅲ章　日本の都市について

第Ⅳ章　都市はよみがえる

第I章 モノとまちをめぐる断章

ニューヨークの新しい名所
となったハイライン。
屋外コンサート

モノに対するスタンス

モノに対するスタンスが欧米と日本ではかなり違うような気がしてならない。

昔、ドイツのハンブルクに住んだことがある。下町の安アパート、貧乏留学生夫婦を哀れと思ったか、初老の隣人が食事に呼んでくれた。「一緒にドイツ式の大晦日を過ごそうじゃないか」、ドイツ人の家に入ったのはそれが初めてだった。中をひと通り案内していただいてから、ビール、ソーセージ、ポテトサラダをご馳走になった。新年になった瞬間に、突然、旦那がバルコニーに出てパンパン空砲を撃ちはじめた。まちのあちこちで音が鳴っている。「新年になる瞬間に悪魔が入ってこないようにするためさ。軍隊の仕事をしているから本物のピストルを持っているんだ。すごいだろう！」

正直いってピストルより驚いたことがあった。それはこの隣人の家にはほとんどモノがないということだった。リビングに長いソファ、食卓に椅子四脚、テレビ、ダッシュボード。寝室に洋服ダンスひとつとダブルベッド。めちゃくちゃモノが少ない。服も少なければ本や雑物もない。旦那は一冊の切手のストックブックを持ってきた。いわく、「これは私の唯一の財産である。あとは年金をもらって旅行しまくって最後は高齢者施設にでも行くのさ」。閉じる片眼。

六〇m^2強の賃貸アパート三Kで、男の子二人を育て上げたという。「息子は一八歳になると同時に追い出した。夫婦は最後は家具を売り払って出ていくのだ」という。家具はなかなか良質なものを大切そうに使っていた。「値段次第かもしれないが買ってくれる人はたくさんいる」とのたまう。自分たちがいなくなっても、まちと住宅は残る。モノは次の人に譲り渡していく。この隣人たちはそういう仕組みの中にいると理解した。

二〇一五年にアメリカ人女性が書いた『フランス人は10着しか服を持たない』がベストセラーになった。読みながら自分自身のパリでの驚きの体験を思い出した。メトロの入口にたたずむ若きパリジェンヌ。アンサンブルの鮮やかな配色に魅かれ近付くと、何とその服は清潔ではあるもののかなり着古されたものだった。美しきかの女性、ブロンドをかき分け何のケレン味もなくにっこり微笑んだ。私はいたく感心したのであった。

私の知合いのドイツ人たちも、洋服をたくさんは持っていなかったように思う。いつも同じような服を着ていた。普段着とお出かけ着の区別もなかったのではないか。服にお金をかけていなかった。

今もそうだと思うのだが、ハンブルクの地方新聞には週二回中古品の売買広告が出た。ドイツ人たちはそれを利用して必要なものを調達していた。何でもない日用品から家具、オートバイ、住宅まで掲載されていた。ベッドは他人の汗が付着していて気持ち悪くないのかと日本人なら思うところだが、ドイツ人は平気なようだった。かの地は気候が乾いているからかもしれないとも思う。

家人は新聞広告でピアノを買った。当時七〇歳の中古スタンウェイAである。コンテナに乗せて日本に連れてきた。あれから四〇年我が家の居間に鎮座し、めでたく一一〇歳をこえた。いまだに美しい音色をかなでている。ドイツ人はほとんど永久に使えるようにモノをつくる。

ハンブルクは美しいまちである。オフィスのあった高級住宅地
ザンクト・ベネディクト・シュトラーセ

住まいのあった下町カール・ペーターゼン・シュトラーセ

モノとの距離感

　モノとの距離感について、山本七平は「臨在感」という耳なれない言葉を使っている。モノの背後に何かが存在している感覚であるが、日本人はこれに強く支配されていると山本は主張している（『空気の研究』文春文庫）。彼の引用する大畠清教授のエピソードはセンセーショナルでさえある。要約する。イスラエルで遺跡発掘の際、日本人とユダヤ人が共同で毎日のように人骨を運んだ。その際、ユダヤ人は何ともないが、日本人二名のほうは少しおかしくなった。人骨という（単なる）物質が日本人には何らかの心理的影響を与え、その影響は身体的に病状として現れるほど強かったのである。

　ローマに骸骨寺というのがある。人骨でシャンデリアをつくったり、壁・天井の装飾を行っている。単なる物質と思わなければこういうことはできない。私と一緒にそこを訪れた日本人は、皆途中で気分が悪くなって帰ってしまった。ついでにカタコンベものざいてみた。人骨に対する畏敬の念は、彼らには日本人ほどはないのではないかと感じた。

永井路子はモーツァルトの妻コンスタンツェについて、ひとつ許せないことがあると書いている。それはこの悪妻がモーツァルトの遺骨を紛失してしまったことである(『歴史をさわがせた女たち』文藝春秋)。コンスタンツェを擁護するつもりはないが、ヨーロッパ人は日本人ほどは人骨を大事に思っていないだけのことであるという気がする。

臨在感が強すぎるために、日本人はモノとの距離を冷静に保つことができない。近くなりすぎたり遠くなりすぎたり。思い入れがあると不要なものでも捨てられない。反対に思い入れがないと極端に冷淡になったりする。だいぶ前のことだが、東京駅が昔のまま復原されたと聞いてうれしくて見に行った。一緒に行った友人が浮かない顔をしている。「今さら新品の辰野金吾なんか見たくなかった」と嘆いている。「古そうに見せても有難みはないよ」、どうやら新しい材料には魂がこもってないといいたいらしい。

モノの集まり

　まちはモノの集まりである。以前、都市計画調査でドイツ中を歩き廻ったときのことを思い出す。第二次大戦前の姿をとどめているまちが多い。「よく戦災を免れて残りましたね」と感心していうと、「同じ材料を調達してきて昔のままにつくり直した」とこともなげにドイツ人は笑った。

　以前、散歩をテーマとして本を出版したら、たくさんの方が感想を送ってくれた。中にひとつへビーなものがあった。世田谷区でまちづくりを実際に行っている方からのものであった。短く要約させていただくと次のようなものであった。

　今の世田谷では、散歩をしながら「まちの未来図」を描こうとしてもうまくいかない。日本人は公園などより自分の家でくつろぎたいのだ。家は自分や家族の「すべて」である。家族団らんの夢かない、一国一城の主となるうれしさ。老後、家がある安心感。少しくらい無理してもローンを組んで買っとこうというようなことになっている。

かくして土地と家にはすさまじい思い入れが入ると彼はつづける。したがって、自分の家の前に何か建物が建つと聞くと心穏やかではいられない。日影は？　音、視線は？　資産価値が減るから隣の計画は認めたくない。こじれる。反対運動を展開する。

郷里の生家には亡父の本が残されている。読書がほとんど唯一の趣味の人だった。八〇年の生涯実働五〇年間で広めの書斎に二面、天井までの本棚にいっぱい推定四〇〇〇冊の書籍が残された。「何とかしてよ」と母にいわれた。図書館でもこの頃はたいていの本はある。古本に出そうか？　書棚を背に坐る父のうれしそうな顔が私たちの脳裏に浮かんできた。ためらううちに処分する機会を逸した。

私が読んでもいいと思うものは東京へ運んだ。自宅にも私自身が買った本が結構たまっている。「何とかしてよ」と今度は妻がいう。これを息子も読むのだろうか？　そうなら本冥利につきるが、待てよ、七〇年でたった三回読むために本を買う必要が本当にあったんだろうか？

私も本は大好きである。今でもよく思い出すのはお世話になった大学の古い総合図書館である。あの壮厳な雰囲気はおびただしい蔵書の醸し出すものだったのだろう。あの埃の匂いに触れるだけで、私のような不真面目な学生でも「真面目にやらなきゃ」と思ったものである。モノの力はあなどれないと思う。しかし本だらけの私の書斎を尻目にいうのもなんだが、自分のものにする必要はあったのだろうか？　一〇〇年以上前の金沢の町屋を再生し、そこに実際住んでいる建築家林野紀子は述べている。「家は一瞬借りるけれど、また返しますみたいな、そういう感覚が大事です」。時はペーパレス時代である。本もそんな感覚で良さそうに思えてきた今日この頃ではある。

秩序

大学院を卒業したあと五年ほど東京の建築設計事務所で修行した。そこで最初に教えていただいたのは、アイレベルのパース（透視図）を描くことであった。人の眼の高さで建物がどう見えるかを絵にするのである。あの頃はまだコンピューターもなかったので、定規と鉛筆でアングルをさぐって絵を描いた。それからほどなくドイツに出かけて行った。向こうの設計事務所にもぐりこんだ。そこでの最初の仕事はアクソメ図（立体絵図）の作成であった。空の上から見た建物とその周りのまちの姿を描けというのである。少しびっくりした。この視点の違いは面白いと思った。

マタイ福音書に「（神は）汝等の頭の髪の毛まで算えらる」という一節がある。日下公人はこれを引用しつつ興味深い洞察を行っている。「太陽が照りつける砂漠にすむ人々は神と自分の関係をこのように実感する筈である。一方で一年中雨が多く曇天つづきの日本では天から見られているという実感は少ない。自分ひとりぐらいは何をしても分かるまいという土着の考えに吸収されてしまう」（山本七平『空気の研究』文春文庫解説）。

パリやベルリンでは高いところに上ると、明快な道路パターンで方向がすぐわかる。建築の配列に秩序を感じる。我が東京はそれに比べ、上から見た姿を整えようとする意志が弱い。ときどき高いところに上る。ちょっと前にスカイツリーと虎ノ門ヒルズに上った。近頃は超高層がずいぶん増えた。ひと昔前は高層ビルの塊を見付けただけで、あっちが新宿・池袋とひと目でわかったが今はそうはいかない。どちらを向いても超高層ビルだらけだからである。むしろ緑の塊を目印に方向を見分けるほうがやさしいくらいだ。以前、ドイツ人から「東京はカオスだ」といわれたことがある。眺めているとそんな気もしてくる。

ヨーロッパのまちは、荒っぽくいうと上からの秩序でできている。都市全体のあり様がまず最初で、建築はその次にくるという感じである。一九八九年に東西統一されたあと、ベルリンは急ピッチで都市整備が行われた。その中でも最初で最大のプロジェクトは、ポツダム広場周辺のまちの再生だった。広場はかつてはベルリンの中心であった。しかし戦争で建物は破壊され「壁」が真ん中にたてられた。結果、東西ベルリンにとってこのあたりは場末となりはてていたのである。

壁がなくなった途端、ポツダム広場周辺は突然空白となった。これはまずい。さてどうするか？　まず、まち全体の都市計画コンペが行われた。道路パターンと、それによって切りとられる街区の形の提案コンペであった。建築はほとんど塊で幅と高さだけ。窓などの細部はほとんどわからない。若手建築家ヒルマー&ザトラーが勝った。

次にこのポツダム広場周辺のまちは四分割され、それぞれにおいて再びコンペが行われた。ダイムラーシティの勝利者は建築家レンゾ・ピアノだった。ダイムラーシティはさらにいくつかの街区に分割され、ピアノはその中のいくつかの重要な建築物を設計しかつ全体のデザインを監修した。残りの建物はコンペに参加した世界的建築家たちがそれぞれデザインワークを行った。磯崎新はそのメンバーの一人だった。ちなみにソニーシティのほうはヘルムート・ヤーンが勝利し、すべての建物を彼一人が設計した。

グーグルアースではまず地球が現れる。だんだん陸地に近付きまちとなり、建築の屋根が見えてくるという順番である。最後は地上に降り立つとストリートビューになり、初めて建築のファサードが現れている。ここから建築の中に入る仕組みはまだないが、いずれドアを開けて中に入れるようになるのかもしれない。

上からくるという順番は西欧人の眼だという気がする。日本の建築は中から外を見る視線を重視している。武家屋敷では庭園を眺める視点が重要だ。京都・金沢などの町屋は、内部からの発意があって初めて建築ができたという感じがする。寺社や集落もせいぜい建築同士の相互関係を重んじて配列されているように見える。上空からの視点はあまり感じない。

ちなみに、整頓と清潔についても西欧と日本の感覚の違いを感じる。日本のまちはあんまり整頓されていないが、そのかわり非常に清潔である。道や庭園の掃除が行き届いている。形態や色の統一感はないが、パーツの一つひとつに手が行き届いている。西欧ではまず整頓が先にくるという感じである。掃除はあとまわしである。

ついでに日本人は見ないふりの名人という側面もある。ベランダには西欧では花を飾るが、日本ではうっかりすると不要なものやゴミを置きかねない。隣近所の人はみんな見ないふりができる。見とがめられてもいなし方もうまい。「すぐ片付けますから」とか、にっこりしてうやむやのうちにそのままにしたりする。日本人は極端にいえば見たいものを見、見たくないものは見ないのかもしれない。

ポツダム広場コンペー等案、街区のかたちしかわからない。
ヒルマー&ザトラー設計、ベルリン

ポツダム広場の
ダイムラーシティ、
レンゾ・ピアノ設計

ダイムラーシティのアーケード

パリのまちなみ、秩序を感じる

ロンドンの住宅地、整然としている

シカゴのまちなみ、お行儀良く建物が並んでいる

ボストンの住宅地、実にスマートである

金沢の武家屋敷、内部からの発意を感じる

集中と分散

究極、日本人はどこに住みたいのだろうか？　にぎやかな東京・神楽坂か、信州・隣も見えない森の中か。あるいは時と場合によるのだろうか？

人は心淋しいときどこに行くか？　私はテンションが下がるとまちに出ることにしている。目新しい事物に触れると気分が昂揚する。溌剌とした若い人を見ると元気が出る。気に入ったモノを買うと心が晴れる。夕暮れのカフェで熱いコーヒーをすすりながら藤沢周平を読むと頭がスッキリする。ほっとしたいとき、私はまちに向かうが、自然のほうが好きな人もたくさんいる。近頃親しい人たちから山歩きに誘われるようになった。美しい浜辺の写真を送ってくれる友もいる。一度遊びにおいで。

市街地をできるだけコンパクトにし、田園の中から切りとられた島のように都市をつくるのは、西洋的な発想であるような気がする。日本人は、自然の中でできるだけバラ

緑の海に漂う島のように都市をつくる。
ローテンブルク・オブ・タウバー、ドイツ

渓谷の森から浮かび出てくるように現れる
ハイデルベルク、ドイツ

バラに散らばっていたい、という願望が強いのではないか。宮城県のいぐねなどを見ると、そんなことを思う。自然の中に埋没したいという願望を感じる。

世界中の集落を見ると、ある程度コンパクトなもののほうが多いことに気付く。生産性が関わっているのかもしれない。私の恩師の原広司は「世界スタンダードは、まず一番豊かな場所を作物のために選び、二番目を家畜のために、最も条件の悪い場所を人の住まいとして選ぶのではないか」といっていた。日本は気候は温暖だしどこでも生産性は高い。それで分散的になりがちなのだろうか。

エコロジカルな生活をしようと考えると、ふたつの両極にいくような気がする。固まって生活するか、散らばって生活するかである。エネルギーをできるだけ効率的に使おうとするコンパクトシティは合理的だといえるだろう。他方エネルギーをできるだけ消費しないで自然の中に埋没しようと考える散在型ライフスタイルも捨てがたいものがある。エコという観点から見たらどちらが正しいというわけでもなかろう。気候・風土にもよるだろう。日本人はどちらかというと散在型に傾きがちであるように見える。

動物は皆、他の個体に対する微妙な距離感覚をもっている。それ以上近付くと不安・不快を感じる個体距離と、逆にそれ以上離れると恐怖・孤立を感じる社会距離というのがあるらしい。人間同士にも似たようなものがある。コロナで少し様相がかわったとはいえ、図書館の席の空き方や夕暮れの鴨川のアベックの散らばり方は、よく見ると一定のアキを保持したかなり微妙なものである。

日本人は一般的に互いに極めて近距離に近付いても平気らしい。我が国の通勤電車や盛り場の雑踏を見ると、西洋人はめまいを感じるという。渋谷のスクランブル交差点は、彼等にはまるで奇跡のように見えるという。上野のアメ横はあまりの混雑ぶりに外国人が感激する名所となっている。韓国ソウルの明洞の商店街・台北の迪化街・北京の王府井などの距離感もあまり日本とかわらないから、これは東洋人には共通しているのかもしれない。

神楽坂の入り組んだ路地を通ると妙に懐かしい。月島や入谷の路地は日本人のスケールという気がする。四谷の私のオフィスの近くに荒木町というひなびた繁華街がある。

神楽坂には及ばないが、かなりいい感じである。昼夜へだてなくひいきにしている。

森に住むというテーマに何度か関わったことがある。最初は山梨・清里の森の友人の別荘であった。先日、三〇年ぶりにリノベーションのためそこを訪れた。昔より木が鬱蒼と茂り、ほとんど家に迫っている。木造建築にはあまりよろしくない状況である。板壁が湿るからである。しかし友人にはこれが快いらしい。結局、外壁に防腐剤だけ塗って、木は伐らずにそのままにしておこうということになった。

先日、建築家ミース・ファン・デル・ローエの設計したファンズワース邸（一九五一年）を見に行った。ここまでくると散在を通り越して孤在とでもいうべきものであろう。木々に囲まれた美しい環境の中に白い鉄骨のフレームだけが見える。何しろ有名な建物だから、昔から写真で見てはいたが、現物は想像とは全く別物であった。ぶったまげると同時に、とにかくものすごく感動してしまった。建築は単なる森の一部という感じである。敷地は何と二五ha（二五万m^2）もある。感動の原因はうまく分析できない。一度ぜひ皆さんも見に行ってみてください。

清里の森の家、木々にうもれる心地良さ。山梨県

ファンズワース邸は感動的であった、敷地は何と25ha。イリノイ州プラノ

下町と山手

一八歳で東京へ出てからは中央線沿線に主に住んでいる。途中別なところに浮気したこともあるが、ドイツにいた時期を除いても合計五〇年近くこのあたりに住んでいるのだから相性はいいのだろう。もっとも中央線沿線の人々のくさみはあると思う。ちょっとお高くとまっている感じがある。自分では気付かないが、私自身もそういう臭気を漂わせているかもしれない。

大学院生の頃、不思議なアルバイトをしたことがある。第一次石油ショックの影響の聞込み調査であった。まず品川区荏原へ行った。少し大きな町工場、門塀で閉ざされている。「東京都からヒアリングに来ました」とインターホン越しに丁寧にお願いした。反応は冷たいものだった。「そんなもんに協力するいわれはねーよ、兄ちゃん。とっとと帰んな」、顔も見せてくれない。閉口した。

とぼとぼと今度は葛飾区堀切へ行った。小さな町工場。土間に工作機械、その奥にむき出しで狭い茶の間がつづいていた。親父は気さくなおっさんで、「おう、何しに来た？まあ上がれ」と屈託がない。おかみさんも手なれた手付きで内職ものを横に片付けお茶を出してくれた。「こんなものひとつ一円にもなりやしないんだけどね」とかいって内職中の風車を見せてくれる。ヒアリングを終えたら昼飯を食ってけとしきりに誘ってくれた。丁重にお礼をいって断った。荏原とのあまりの落差に驚いた。

大学二年の頃、江戸川区平井に一年間住んだことがある。一九七〇年代のことだからまだ京浜工業地帯・工場群の撒き散らす排煙がまちをおおっていた。木賃アパート、四畳半一間に半畳の台所と半畳の押入れがついていた。トイレは共同である。

ある日、煙草屋の前を通り過ぎようとしたら、日向ぼっこしていたばあさんから声をかけられた。「お兄さん、素通りかい？」。私は思わず苦笑いして振り返った。「仕送り前だからスカンピンなんだよ」「いいよ、持ってきな」と、ばあさんハイライトを差し出した。「お代は貸しといてやるよ。あるとき持って来な」、涙が出そうになった。

山田太一は屈折したことを書いている。浅草育ちの彼は中央線出身の二度目の母にうまく受け入れられなかった。「三年ほどで再婚は終わった。義母は激しい怒りを父に向けて去ったから、私もついでに批判されたような、見捨てられたような気分になった。無茶苦茶だが、浅草が中央線沿線に軽蔑されていたという思いがあった。ところがそれが案外根深くて、いまでも〝杉並で育って〟などという話を聞くと、実際の杉並を知らないし、不合理だから顔に出したりしないが〝気取るんじゃないよ〟という反感とも無念ともつかぬ気持がかすめるのである」（『月日の残像』新潮文庫）。どこかベタベタした下町と必要以上にサラサラした山手。手触りがどこか違うと私も思う。

包容力

ヨーロッパに住んでみると、その都市の魅力は何といっても誰でも受け入れる「包容力」であると感ずる。ハンブルクで私たちの住んでいたアパートの目の前は商店街であった。焼きたてのパンとハムを買ってくれば、すぐ朝ごはんになる。コーナーにはトルコ・ギリシャ・中華などのレストランがあって、リーズナブルな値段でディナーが楽しめた。広い公園、美しい緑地などが近くにあって散歩する場所にこと欠かなかった。歩いているとドイツ人が声をかけてくれるので淋しい思いをすることがなかった。都市という装置の使い方が外から来た者にもすぐわかる。いろいろなエレメントが上手に配列されているからである。

ドイツ人たちにとっては、まち全体が住まいなのだろうと私は思った。彼らの家が狭くモノもほとんどないのは、生活に必要なモノはまちにそろっているからなのではないだろうか。住んでいたアパートの中では住民同士、お互い帽子をとって挨拶をかわしていた。エレベーターで一緒になれば、最低会釈くらいした。日本のマンションでは、親が子供に「たとえ住民でも他人に挨拶しちゃダメ」と教えているという話を聞いたことがある。大人が子供に無闇に声をかけることもやめてくれという要望も出るのだという。何かが根本的に違うような気がする。

ドイツのホテルではソファに先人がいれば、あとからの人は必ずここに坐ってよいかと聞く。オーケーといわれて初めて腰掛ける。ホテルのエレベーターに先に乗っている人がいたら、あとからの人はにこっと笑って挨拶する。欧米ではこれがスタンダードである。日本のホテルではほとんどの人はこれをやらないのではないだろうか。まずむっつり黙ったままだろう。東南アジアではどこの国でもでもおしなべて同じような感じがする。

ドイツの駅でバギーを押す若い母親がちょっと困った顔をしていれば、たちまち若者たちがやって来る。さあーっと駆けより、バギーを抱えて階段を駆け上がってくれる。大きなトランクをもてあます婦人がいれば、屈強な男がたちまち手伝ってくれる。同じ都市に生きる仲間という意識があるのだろうと思う。こういうのがまちのホスピタリティにつながっているのである。

サンフランシスコは坂道で有名であるが、案外グリッドパターンなのである

本を並べるならこれぐらいやってほしい。
書籍の劇場エル・アテネオ・グランド・スプレンディッド書店、
19世紀の建物を改装。ブエノスアイレス、アルゼンチン

第Ⅱ章 欧米の都市について

中世の香り漂う赤レンガの
まちリューベック、ドイツ

ローマ都市

都市といえばローマである。

塩野七生によれば、ローマは戦勝するごとに新都市を築いたり、あるいは既存の都市をローマ風に改造したりしたという。兵士は恩賞として農園を手に入れ、被征服民と婚姻し支配者としてその都市に土着したらしい。ローマにとって都市とは、征服地をローマ化し支配していくための装置であった（『ローマの国の物語』新潮社）。

実物のローマ都市を見ることは案外難しい。そこでポンペイの遺跡（ＡＤ七九）を見に行った。このまちはローマによる征服のあと改造された植民都市だった。火山の噴火によって奇跡的にローマ時代のまま保存された。実に整然としていて高い計画性が見える。広場を中心に石畳の道路がグリッドパターンで展開し、そのストリートの両側には住宅・店舗がびっしり並んでいた。居酒屋、ホテル、娼館まであったそうだ。ひときわめだつのは浴場である。ローマ人は毎日のように訪れ、運動・入浴により健康を維持した。社交の場としても活用され、情報交換・商談・政治談議もここで行われたらしい。図書館・劇場のついたものまであったという。

ポンペイにはすでに集合住宅があり、下層市民はそこに住んでいた。ほとんど瞬間的に保存されたので、当時の生活の様子はかなり詳細にわかっている。台所は概して簡素である。下層市民はまちの中の簡易レストランで主に食事をとっていた。

ちなみに都市では、食事はできるだけ外でするものなのだと思う。現代の中国・台湾・香港でもそうである。現代のドイツの集合住宅でも、日本に比べるとキッチンはかなり簡単である。子供のいる家庭以外はあまり料理をしない。冷たい食事がメインである。朝はパンにハム、チーズ、コーヒー、紅茶とせいぜいゆで卵。夜はビール、ワインにソーセージとマッシュポテト、ザウアークラフト（酢キャベツ）といった具合である。日本人から見ると料理とはいいづらい代物だ。ちゃんとした料理を食べたければまちかどのレストランへ行けばいいという感じである。

ローマ都市貴族は奴隷を使って農園を経営する事業主だったが、時として農園の余剰生産物を扱う商人ともなった。都市は交流・交易の舞台にもなった。ローマの都市は最盛期にはかなり開かれた交易センターであった。帝国の被征服地ガリアには城壁のない都市が案外たくさんある(『ローマ帝国時代のガリア』マール社)。ローマの平和パックス・ロマーナの中ではそのほうが便利だったのであろう。

ヨーロッパ中世都市

四世紀にローマが滅亡したあとのヨーロッパにはゲルマン民族が入ってきた。そして、いわゆる中世都市を築いていくのである。これらは今日のヨーロッパ都市の源となったが、その姿はローマ都市とは全く違ったものだった。案外ローマとヨーロッパ中世はつながっていないのである。トリーアやケルン、パリなどのようにローマの遺構の上に築かれた都市でさえ、ローマの街路パターンを踏襲しなかった。多くの中世都市の街路は

ポンペイの遺跡、迫力あるローマ都市

ポンペイ都市図、美しいグリッドパターン

狭くひんまがっており、規則性に乏しい。中世都市は囲郭によって閉ざされた外敵から守るための装置であった。

五、六世紀に移動を開始した頃のゲルマン民族は、当初定住装置というものをもっていなかった。ヨーロッパ平原にまずポツポツと市（マルクト）が立ち上がった。やがて七世紀になると、それを囲うように商人の定住区（ヴィク）ができる。封建領主がそれを囲郭して都市とした。おおむね大きさ直径最大一・五㎞くらいまでの大きさだった。人が簡単に端から端まで歩けるスケールである。せいぜい一万人以下の人口と推定されている（矢守一彦『都市プランの研究』大明堂）。

中世都市は城壁に囲まれたひとつの宇宙であった。安全で自由な場所というイメージだったと思う。「都市の空気は自由にする」という諺があった。農村のくびきを嫌って都市に逃げこんだ農奴も一定期間が過ぎれば自由民になることができたからである。

ヨーロッパには、いまだに中世そのままのたたずまいの都市がいくつか残されている。南ドイツロマンティック街道のローテンブルク、ノルトリンゲン、北ドイツのツェレ、リューネブルクなどである。イタリアにはサンジミアーノなどあまたの美しい山岳都市があるし、フランスにもカルカソンヌなど秀逸な中世都市がある。かつては星の数ほどの囲郭都市がヨーロッパ平原に点在していたことだろう。その時代に空から見ることができたならば、緑の海に浮かぶ島々のようだったに違いない。中世都市は九世紀頃から勃興し一五世紀まで繁栄をつづけた。ヨーロッパ人にとっては、いまだに都市といえば中世都市という感じではないかと私は思う。

私の住んでいたハンブルクは今は大都会であるが、まち中に中世都市の面影を残していた。特に旧市街地と呼ばれるかつて城壁に囲まれていた一角である。第二次大戦でほとんど焼野原になったが、おおむね戦前のままに復原された。勤めていたオフィスの昼休みを利用してよくそこを散歩した。中世以来の路地の狭さや暗さに最初はとまどったがやがて馴れた。終いにはこのほうが快いとまで思うようになった。自動車が生まれる前の時代につくられた都市空間はどこまでも人に優しい。今風の使い勝手から考えると不便そうに見えるが、そうした欠点を補ってあまりある不思議な魅力をたたえていた。

中世都市ハンブルク都市図、1803年

ハンザ同盟の盟主であったリューベックは中世都市の面影を今も残している。歩くとそこかしこに二〇〇年以上前の古い建物が残っている。ほとんどが商工業者の館である。一階に店舗や工房があり、二階以上はオフィス・住宅となっている。一つひとつは大した大きさではない。似通ったスケールの建物が切妻の破風をそろえて、まるで兵士のように行儀よくストリートに沿って並んでいた。ちなみにトーマス・マンの祖父はリューベックの豪商であったが、その家「ブッデンブロークハウス」は今日見るとそんなに大きなものではない。

五〜六階建てが多いのは、エレベーターのない時代の限界であったろう。今でもそのままエレベーターのない建物に住んでいる人がたくさんいる。年配者でも平気でそういうところに住んでいる。階段室をはさんで両側にふたつの住戸ユニットがあり、それが重層する型式になっていることが多い。住宅は街路に面する側と裏庭に面する側が開放されているので、採光、通風はこの二面のみを頼りとすることになる。うなぎの寝床のような細長い平面なので、必然的に窓は大きいほうがいい。そういう必要性があったので、ガラス製造技術が発達したのだといわれている。

街区は四方が道路に囲まれている。道路に沿って建物を建てていくと、街区平面はロの字型になり真中に空地ができる。裏庭（ホーフ）と呼ばれている。ヒッチコックの「裏窓」に出てくるあれである。私の住んでいたアパートの裏庭は、街区全体で共同の物干場として使われていた。住戸の寝室はそれに面していた。たまに隣人に覗かれたこともある。ちなみに、ベルリンではこの裏庭を開放してつなぎ、誰でも入れる散歩道にした一角がある。観光の目玉のひとつとなっている。

中世都市を構成する建物は用途は決まっていなかった。住宅、店舗、オフィスだけでなく、ホテル・学校など何にでも使われた。どの建物も一〇〇年二〇〇年もつように堅牢につくられ、そのときどきの需要で使い廻された。中世都市は街路が狭く建物が密集していたので、衛生面はかってはあまり良好ではなかった。家から街路に平気で汚物などを流していたから、悪臭とか汚れに満ちていたのである。ペストの猖獗などを経ても、多くの都市で人々は頑固に骨格をかえずに下水道の整備などでしのいだ。

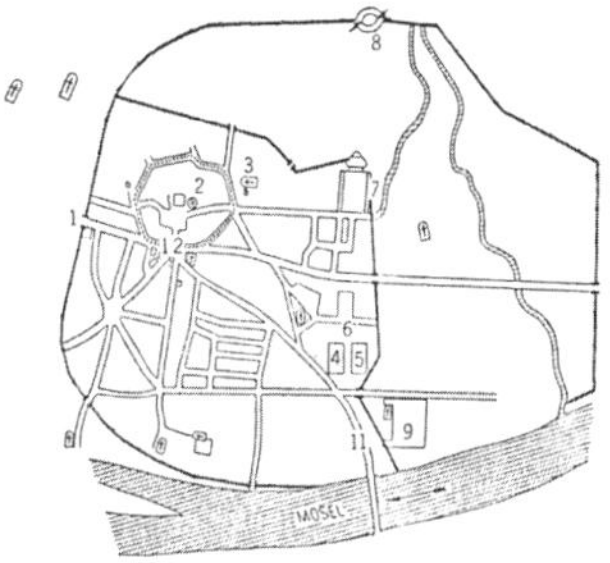

中世都市トリーア、ローマ時代の城壁のみ残している

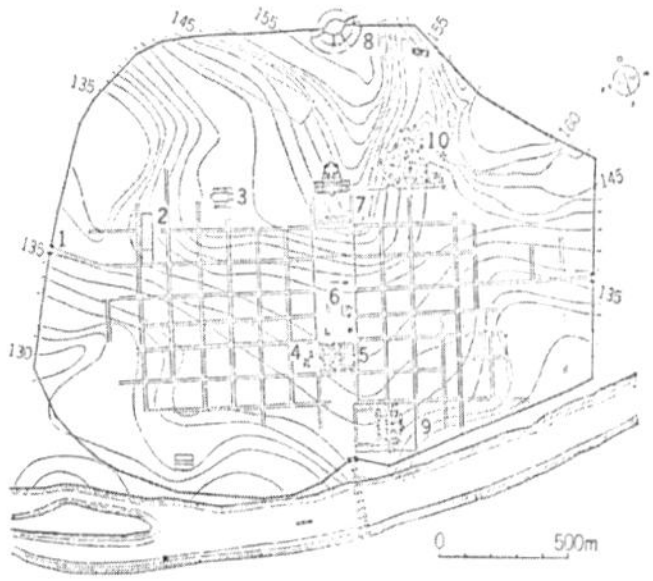

ローマ都市トリーアのグリッドパターン。ドイツ

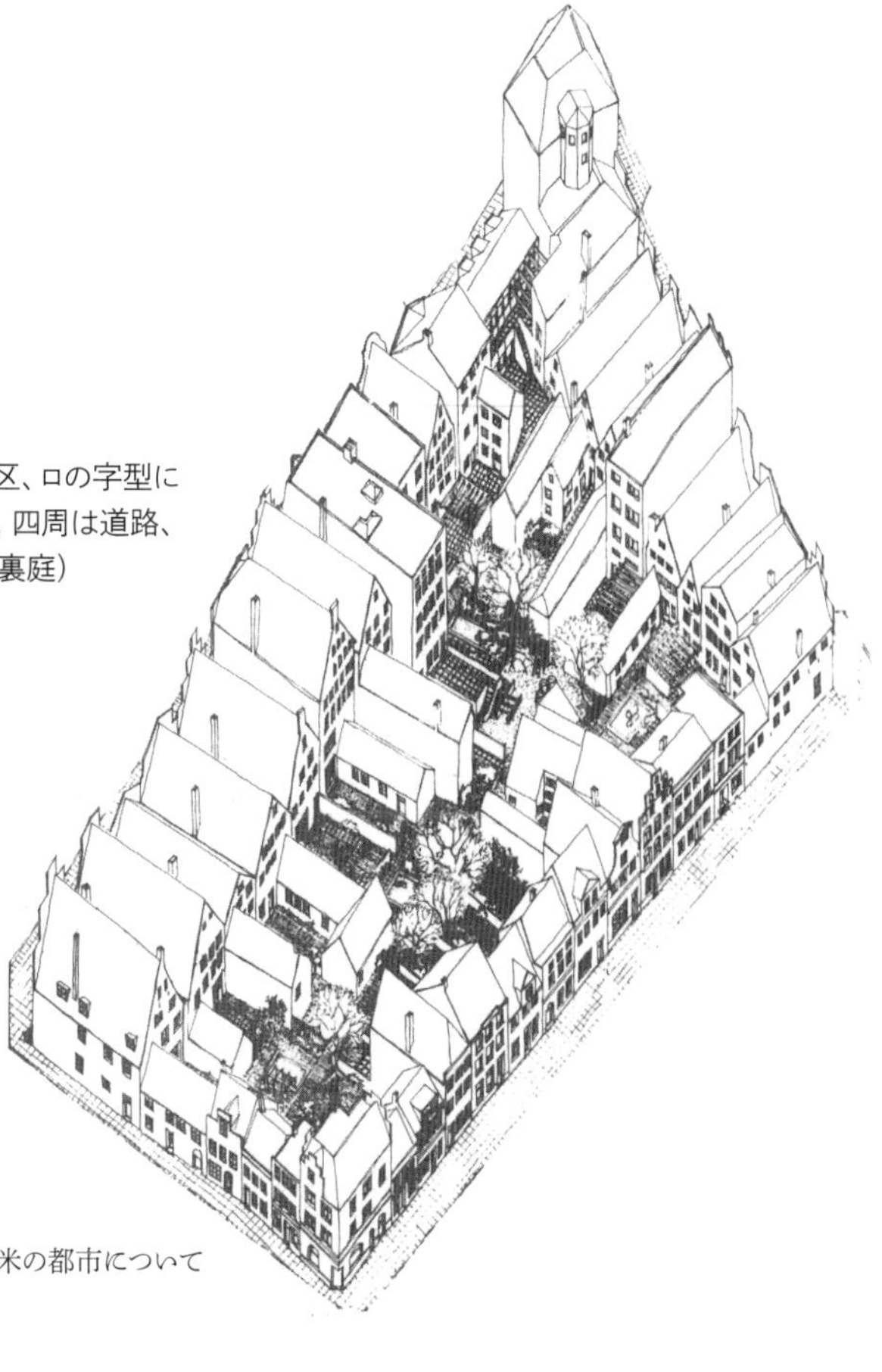

リューベックの街区、ロの字型に建物を配列する。四周は道路、真ん中はホーフ(裏庭)

中世都市ラウエンブルク、中世の匂いがする。ドイツ

中世都市ツェレのホーフ。ドイツ

中世都市リューベックのまちなみ

山岳都市サン・ジミアーノ。イタリア

中世都市の解体

中世都市の多くは、一六世紀絶対主義国家の成立とともに、それでも徐々に解体されていった。国全体のネットワークを考えると、都市は開かれた存在になる必要があった。主要な都市で、人とモノを運搬するための広い街路が整備された。一六一六年にパリにつくられた大通りチュイリュリーは、一七〇九年にシャンゼリゼと改称されパリの中心となった。一六四七年、ベルリンにつくられた大通りウンター・デン・リンデンはベルリンの背骨となった。ロンドンでは一六六六年の大火を契機に道路が拡幅された。大通りには国家的施設・文化施設・商業施設が並ぶこととなった。

一七世紀になると、新航路の発見により商業革命が起き富裕市民層が台頭した。彼らは国家と結びついて国内から海外へ商圏を拡大していった。彼らのうちには、問屋制度・工場制手工業などによって生産者たちを独占支配する者も現れた。その結果都市は拡大し、モノと人を運搬するサーキュレーション・システムが必要となった。徒歩で生活していた中世から、馬車中心の近世へ急速に時代は転回していったのである。

多くの都市が改造されヴィスタ（眺望）を形づくる直線街路がつくられ、そのグリッドまたは放射状の配列の交点に広場が配された。かつては上流階級と下層階級が肩を並べてねぎる場だった都市の広場はこの時代機能がかわり、上流階級が馬車で買物などに急ぎ通り過ぎる場にかわってしまったのである。

この頃多くの都市で囲郭がとり払われた。案外これは重大な出来事だったのではないかと私は思っている。象徴としての囲郭がなくなることによって、都市が閉じた系から開かれた系にかわったことが市民にも実感としてわかったのではないかと思う。ちなみに、鯖田豊之は「フランス革命は都市の自由を全土に拡大する運動であった」と述べている（『ヨーロッパ封建都市』講談社学術文庫）。

パリのシャンゼリゼ(上)とベルリンのウンター・デン・リンデン。
ともに今も堂々と都市の骨格を形成している

工業都市への変貌

この開かれた都市に、一九世紀になると産業革命の嵐が吹きよせてきた。都市に工場が次々に建てられ、それを目あてに労働者が殺到した。中にはあてもなくやって来て家賃もろくに払えない者たちも多くいた。大都市ではたちまち住宅不足が起こり、治安の低下と環境汚染が進んだ。

エレベーターがなかった時代である。都市建築の一〜二階は持主が住み、流入した人々ははじめは三階以上に住んだ。爆発的に人口が増えるとそれでは足りなくなり、人々は地下室や屋根裏まで占拠するようになる。裏庭の不法建築に住みついたり、はてはまちの一角をスラム化するようになった。パリではシテ島が汚水と暴動の巣窟となった。ロンドンではイーストエンドが伝染病と犯罪の温床となった。

パリとロンドンでは状況は似たようなものだったが、それに対するリアクションは対照的だった。パリでは中世的なコンパクト・ストラクチュアを保持したまま改造しようという動きになった。ロンドンでは郊外に向かって際限なくスプロールしていく流れとなった。パリは城壁のある中世都市に起源をもつ。一方、ロンドンはヨーロッパでは珍しくはじめから城壁のなかった都市であった。両者が全く違った方向に向かったのは、それが起因していたのではないかと私は考えている。

オースマンのパリとパクストンのロンドン

ジョルジュ・オースマン（一八〇九―九一）の出現は、パリにとって大変な僥倖だったと私は思う。今日私たちが眼にするパリの姿は、おおむね彼によって実現されたものである。

オースマンが一八五三年にセーヌ県知事になったとき、直面した課題は単に劣悪な環境の改善とスラムクリアランスだけではなかった。肥大化したパリは各パートが連携せ

パリのまちなみは世界一だと思う

ずバラバラになっていた。オースマンはパリを健全化しただけでなく、都市としてのまとまりをもたらし、機能性のある全体像を確立したのである。世界の大都市で初めての試みであった。極めて独創的な仕事だったと思う。

オースマンは主要街路を拡幅し直線化した。まず「パリの大交差路」と呼ばれる東西路・南北路を設け、それを軸にしてグリッドパターンの街路を設けた。加えて主たる交差点から放射状に街路を展開し、交差点同士を斜めに接合した。さらには環状道路まで設けている。

オースマンの狙いは三つであった。ます第一は交通のサーキュレーション・システムの構築である。彼は特に鉄道駅と市場などを連結することを重視した。第二は都市の空隙の確保である。彼は公衆衛生上の観点から大胆な取壊しを行い、随所にオープンスペースをつくり出した。第三は緑の空間の創出である。三大公園とマロニエのシャンゼリゼも素晴らしいが、何といっても左肺のブローニュ・右肺のヴァンセンヌのふたつの森がすごいと思う。

オースマンほどではないが、イギリスで同じような働きをしたのは水晶宮で有名なジョン・パクストン（一八〇三―六五）である。パクストンの功績は公園の祖型の創出など多岐に渡っているが、特にここで言及したいのは「グレイト・ヴィクトリアン・ウェイ」構想（一八五五年）である。これはロンドンの鉄道駅すべてを環状に結ぶショッピングアーケードと、その上部のガラス貼りの鉄道のセットという提案であった。結果的にはこれは実現しなかったが、のちにアーケード・レールウェイとして実を結ぶことになる（一八八四年、チャールス・パーソン）。環状道路と地下鉄の組合せで、ロンドンの骨格が形成されることとなった。

ロンドンには、パリに比べると都市を包括的に見る視線はやや乏しかった。ジョン・バーンズの都市計画法案の導入は一九〇九年であった。ぐずぐずしている間に貴族・富裕な市民層は馬車で、のちには蒸気機関車でひたすら郊外へと逃走してしまったのである。

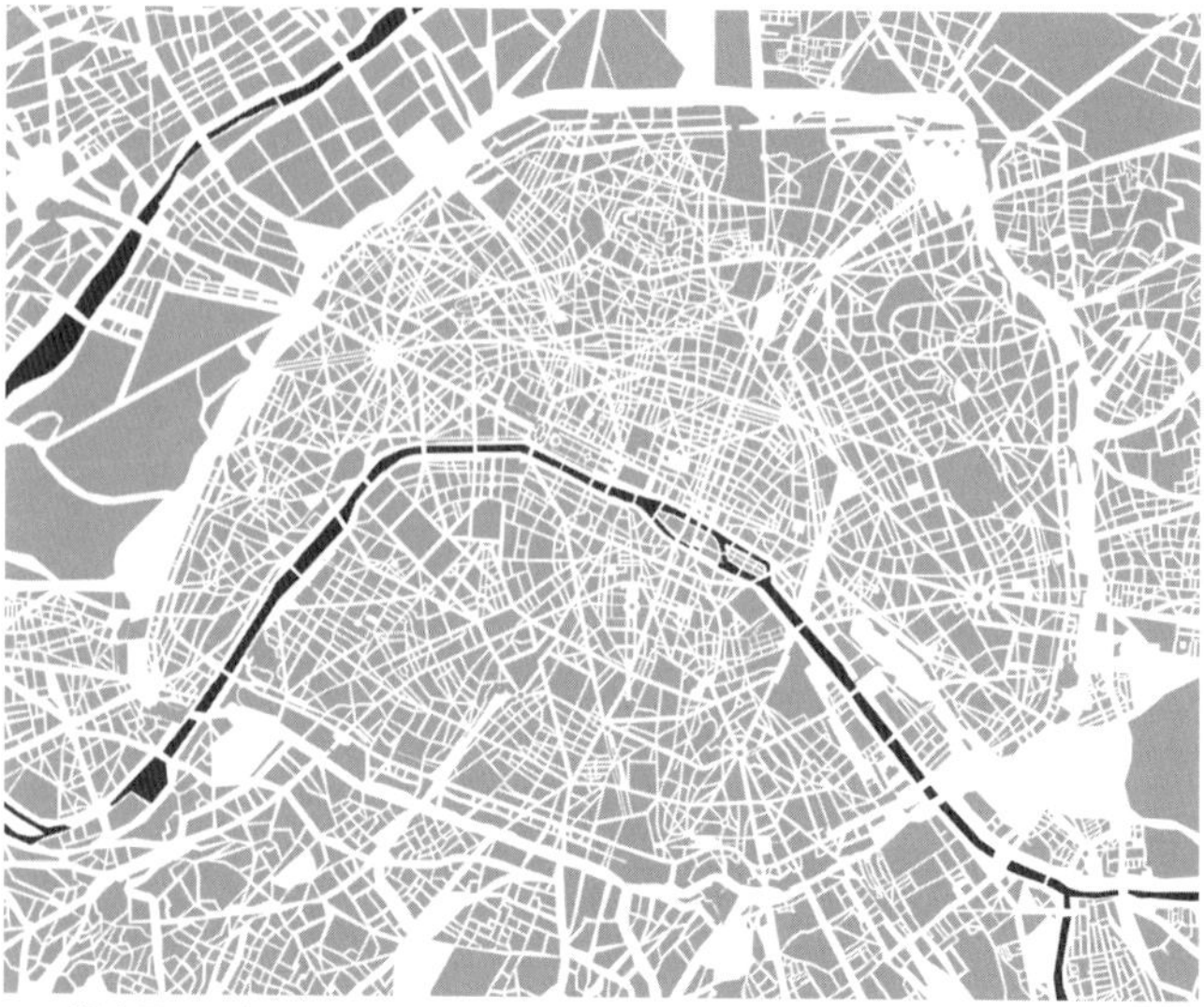

パリ都市図、一幅の絵のようである

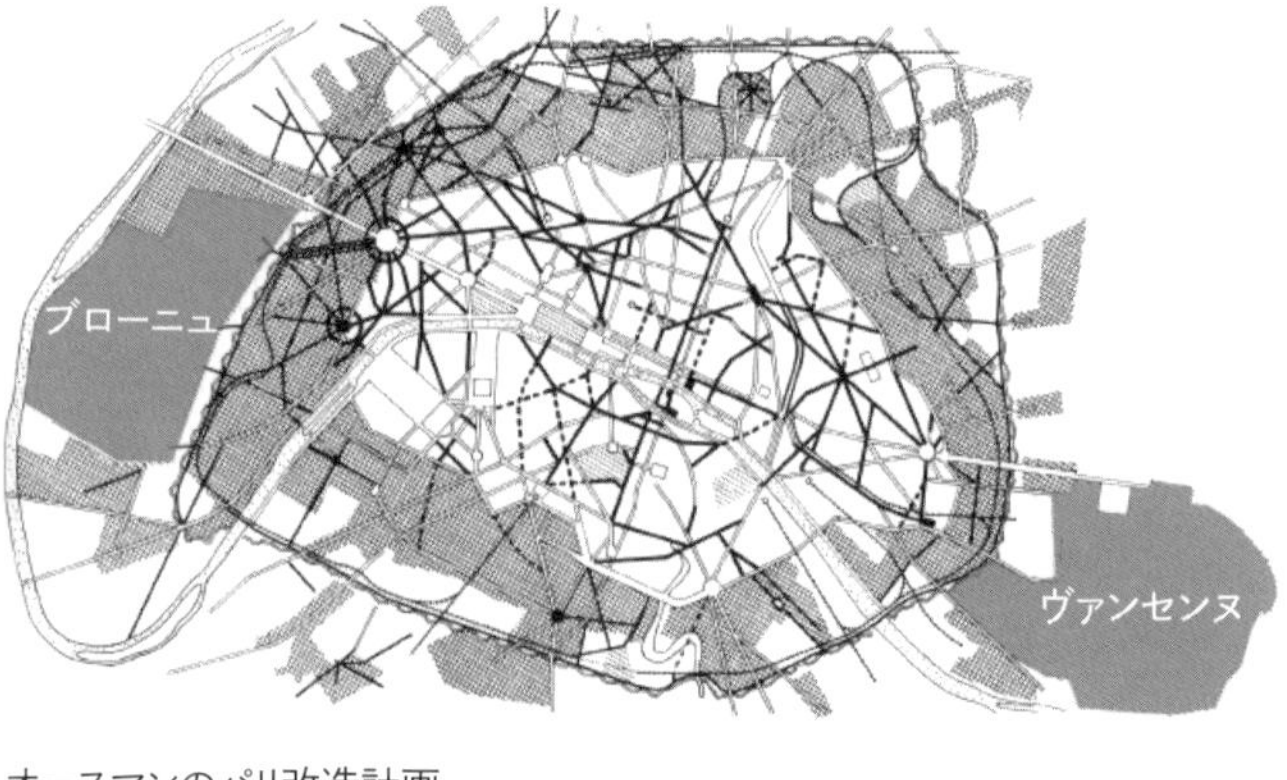

オースマンのパリ改造計画

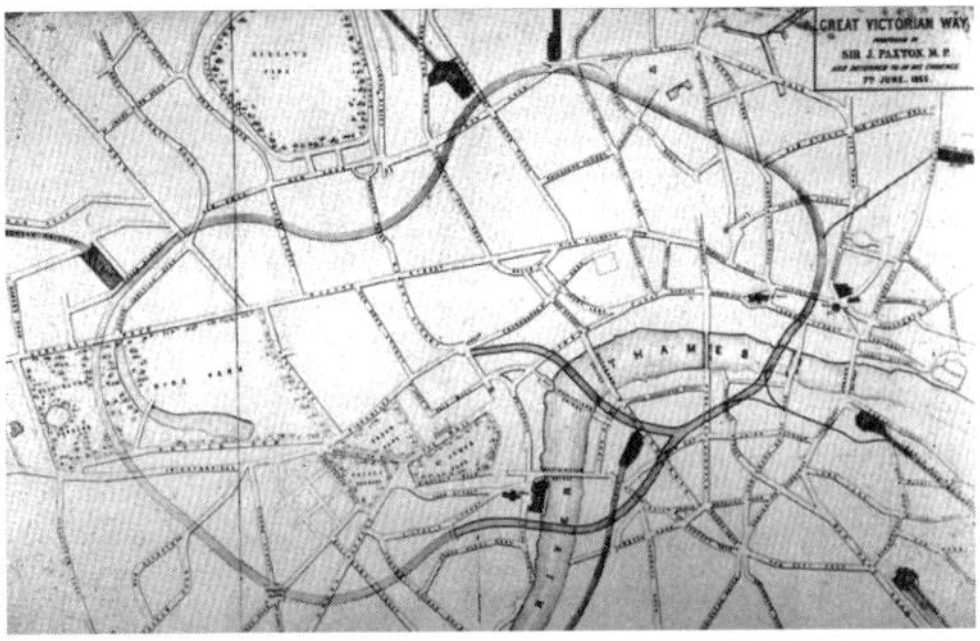

パクストンの「グレイト・ヴィクトリアン・ウェイ」構想、実現されなかった

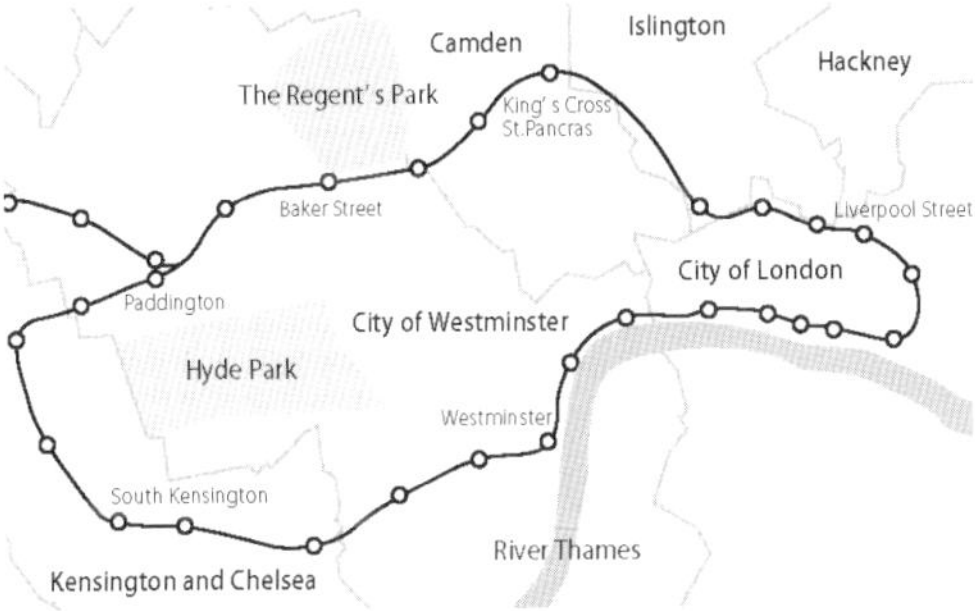

実現したロンドンのサークルライン、ほぼパクストンの構想と重なっている

ロンドン都市図

アメリカとオルムステッド

あらためて書くのも気がひけるが、アメリカの本質はヨーロッパのアンチテーゼであると思う。そもそもヨーロッパのくびきを嫌って新天地を求めた人々がアメリカをつくったのである。彼らはヨーロッパ都市に複雑な感情を抱いていただろう。一七七六年にアメリカは独立した。ジェファーソンは都市嫌いだったと伝えられている。アメリカ人が向かったのは「アメリカ的大都市」と「ガーデンサバーブ（田園郊外）」というふたつの新しい方向だった。

アメリカでは都市はあくまでも開放的なものでなくてはならなかった。バロックプランを採用したワシントンDCのような例外はあるものの、ほとんどのアメリカ都市はグリッドパターンを採用している。そもそも植民都市は世界中このパターンが多いのだが、あくなき成長をめざすアメリカン・スピリットにもフィットしたのだと思う。あとからやってきた建築のモダニズムとの相性もすこぶる良かった。ニューヨークは一八一一年にグリッドパターンで計画された。はじめは古典主義的な建築が多かったが、やがてたちまちモダニズムの高層オフィス・高層住宅で埋めつくされることとなった。

フレデリック・ロー・オルムステッド（一八二二―一九〇三）はアメリカをつくった男と呼ばれている。造園家・都市計画家として多くの足跡を残しているがここでは次のふたつの功績についてだけ触れたい。ひとつは彼がアメリカ大都市に巨大な緑のストラクチュアを組み込んだことである。これはアメリカ都市の大きなアドバンテージとなった。もうひとつは郊外居住モデル、ガーデンサバーブを広めたことである。

ボストンでオルムステッドはグリーンネックレス（一八九一年）を実現した。複数の都市公園のネットワークによって都市に緑の骨格をつくり出したのである。ニューヨークではセントラルパーク（一八五九年開園）を設計した。この公園は当時のニューヨークにとっては郊外という位置付けであった。オルムステッドは、セントラルパークがいずれはマンハッタンの中心となるだろうということを見越したうえで、巨大な手つかずの自然の空間を提案したのである。セントラルパークの広さは何と三四一haである。ちなみに我が国の日比谷公園は一六haにすぎない。

ガーデンサバーブのはしりは、ニューヨーク西19kmのルウェリンパーク（一八五三年）といわれている。オルムステッドは一八六九年に、シカゴ近郊にリバーサイドという住宅地を設計した。これはガーデンサバーブのお手本となった。

ガーデンサバーブはまたたく間に全米中に流行した。はじめは富裕層向けで一区画は二・五エーカー（一万m^2）だった。やがては一エーカー（四〇〇〇m^2）、そして〇・五エーカー（二〇〇〇m^2）となり、最後は到頭クオーター・エーカー（一〇〇〇m^2）までいった。もっともこれでも日本の軽井沢並み（三〇〇坪）ではある。ガーデンサバーブの多くは塀や建築も厳しく制限され、敷地がつながって、まち全体が公園のような呈をなすこととなった。ガーデンサバーブは単なる住宅地であったので、太い交通パイプで都市とむすばれている必要があった。当初は馬車であったが、二〇世紀になってからは鉄道、やがては自動車によって接続されることとなる。

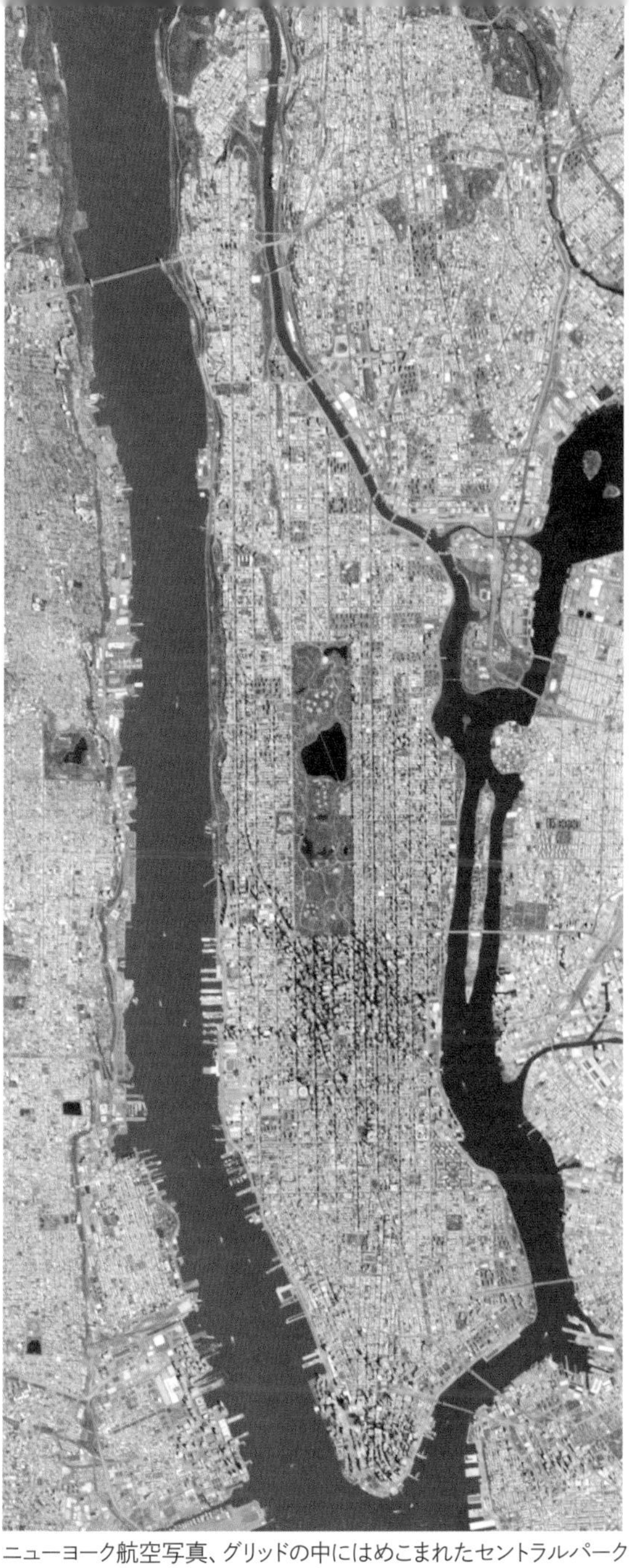

ニューヨーク航空写真、グリッドの中にはめこまれたセントラルパーク

ガーデンサバーブ、オークパーク、シカゴ郊外

ガーデンシティ、レッチワース、イギリス

ガーデンシティ

一八五〇年、イギリスロンドンにハワードという人物が現れた。この人は一八九八年に面白い書物を著した。『明日の田園都市』（*Garden City of Tomorrow*）という。都市と田園が結婚することにより、人々は理想の生活を手に入れるだろうという主旨であった。この書物は一世を風靡することとなり、イギリスだけでなく世界中にいろいろな影響を与えた。

イギリス人は自然好きという点では、大陸のヨーロッパ人とアメリカ人の中間にいる感じがしている。前述したようにイギリスでは、産業革命で環境が悪化した大都市から貴族や富裕層は別荘に逃走していった。ハワードは、普通の市民でも自然とともに健康に生きられるような装置を提案したかったのだと思う。

余談であるが、ハワードの着想はオルムステッドのガーデンサバーブに触発されたという説がある。彼は二一歳のときシカゴに渡り数年間暮らしたことがあった。そのとき、オルムステッドが設計したばかりのリバーサイドを見たのではないか、という憶測が伝えられている。真偽は定かではないが、ありえそうな感じがする。ちなみに、ガーデンサバーブは戸建て住宅地であるのに対し、ガーデンシティは集合住宅により構成されている点が決定的に異なっているが。

ついでにガーデンサバーブ、ガーデンシティともに「ガーデン」とついている。庭園という翻訳のほうがふさわしいと思うが、日本では田園と訳されて通ってきた。日本人は、庭園といえば塀に囲まれたプライベート空間を思い浮かべがちである。ガーデンザバーブやガーデンシティがめざしたのは、垣根のないつながる公共性のある緑の空間であった。そのイメージを表現するには、田園という訳語のほうがしっくりきたのだろうと私は考えている。

ハワードのアイデアを実際の形にしたのがアンウィンであった。彼はロンドンの北六〇㎞のところにレッチワースというまちをつくり出した（一九〇三年着工）。職場と住宅が近接する緑のまちである。二〇世紀の都市はこうでなくてはならない、という称賛の声が世界中に沸き起こった。当然であったと思う。

ハワードとアンウィンの撒いた種はまたたく間に世界に広がり、二度の世界大戦をはさんで多くの衛星都市というものを生み出した。いわゆるニュータウンであるが、多くはベッドタウンであった。

ドイツ人のロックシンガー、ネーナに「サテライト・シティ」(衛星都市)という歌がある。「氷のように冷たいところ」という歌詞がはさまっている。この曲を聞くたびに、私はルール地方のヴルフェンというまちを思い出す。住宅ばかりでできた都市であった。平日の昼は中心部にほとんど人がいなかった。世界中のニュータウンが似たような貌をしている。

ハワードとアンウィンの名誉のために言及するが、彼らは大都市に寄生するようなベッドタウンをつくりたいとは思っていなかった。あくまでも自立した都市をめざしていた。しかし、実際のレッチワースでさえ、その発展が軌道に乗ったのはロンドンとの鉄道が接続された以降であった。

私は大きな期待をもってレッチワースを訪ねたことがある。できてから一〇〇年が経過したこの都市は、今も健在である。中産階級が静かに暮らすには良さそうな、落ちついた雰囲気をたたえている。しかし、それ以上のものではないと思った。心をかきたててくれるような何かが不足しているのである。それは、まちのざわめきのようなものかもしれない、と私はこの美しいまちのカフェに坐りながら、ふと思ったのであった。田園都市ファンの皆さん、申し訳ありません。

モダニズムと都市

建築における「モダニズム・ムーブメント」は、大都市のみすぼらしい建物に住んでいた多くの庶民に、もっと質の良い建築を提供しようとする運動であった。無駄な装飾を脱却し、鉄・ガラス・コンクリートによるシンプルなデザインをめざした。

モダニズムデザインによって都市をつくる試みは、オランダでは一九世紀から二〇世紀にかけて盛んに行われた。注目していいのはアムステルダムのデ・ダヘラート集合住宅（一九二二年）、エイヘンハールト集合住宅（一九二〇年）、ロッテルダムのキーフフゥク集合住宅（一九二五―三〇年）などである。

これらはヨーロッパ中世都市の香りを残しつつ、建築だけをモダンデザインに置きかえることに近い試みであった。街路に沿って高さをそろえた建築を並べた。ストリートタイプと呼称できるだろう。いってみれば、モダンデザインでパリのまちなみをつくったようなものかもしれない。よくできていると思う。その後も、こういう大人しいストリートタイプのモダニズム建築はあちこちで建てられている。ロンドンのオダムズウォーク（一九八一年）、ベルリンのＩＢＡの一連の建築（一九八七年）などは、そうした一連の名建築といえるだろう。我が日本でも、古くは同潤会青山アパート（一九二六年）や、最近では幕張ベイタウン中層街区（一九九一年）などがある。

一方で、モダニズムの向かったもうひとつの方向性があった。それは安価で大量に建

キーフフック集合住宅、ロッテルダム

アムステルダムの集合住宅、オランダ

オダムズウォーク、ロンドン

IBAで整備されたまちなみ、ベルリン

築を提供することを目的としていた。薄くあるいは細くするかわりに高く建て、その代償として足許を開放して豊かな緑を実現するという考え方であった。ストリートタイプでは容積率が稼げないので、もっと大量消費に適した建築タイプが求められたのである。

建築家ミース・ファン・デル・ローエの設計したレイクショアドライブ・アパートメント（一九五一年、シカゴ）を訪れたことがある。ガラスの箱が地面から浮遊している。地上はほとんど公園となって開放されている。ガラスの箱は上に向かって限りなく伸びていきそうな感じがする。都市からも環境からも切り離された自由に成長する空間のイメージである。大量の住戸を実現すると同時に、建築を古典的都市から解放することをめざしたのだと感じる。

ベルリンのハンザ・フィアテル地区（一九五七年、ベルリン国際博覧会）に行ったことがある。緑の中に高層住宅がある。とても都心にあるとは思えない環境である。が、どこか淋しい。これもまた建築と田園の結婚のひとつの形なのかもしれないが、そのかわりに人々が得たものは「都市からの隔絶」であったと私は思う。

こうした方向性のリーダー的存在であった建築家ル・コルビュジエのマルセイユのユニテ（一九五二年）を訪ねた。八階建ての一階はピロティになっていて公園のしつらえとなっている。三三七戸一六〇〇人がいまだに楽しそうに暮らしている。途中階に店舗、屋上には保育園・体育館・プールまである。中間にホテルがあって宿泊することができた。住んでいる人の多くはル・コルビュジエ・ファンだという感じがする。親切に住戸の中も見せてくれた。この建物はこれ自体がひとつの立体的なまちである。遠く離れたところから見たら、緑の海に浮かぶ豪華客船のようにも見えた。ル・コルビュジエの呟きが聞こえたような気がした。「皆さん旅立ちなさい、窒息しかない古い都市から離れなさい！」

最近ルシオ・コスタの手がけたふたつの住宅地を見た。リオデジャネイロのパルケ・エドゥアルド・ギンレ（一九五二年、設計・コスタ）、ブラジリアのスーパーブロック308（一九五九年、デザインコード・コスタ）である。ともにル・コルビュジエの思想を実現した素晴らしい住宅地である。ピロティの透明な空間によって敷地全体が公園としてつながっている。その解放感は実に南米の気候に適っていると感じた。一方でこの開放性が成立しているのは、ここには下層民が容易にはやってこられないからではないかとも思った。南米特有の最高級住宅地としては良いが、都市を形成するメジャーなスタイルとしては淋しい。まちのざわめきの侵入を拒んでいる。ここにも都市の不在が見えたように感じた。こうした建築タイプは都市の郊外にふさわしいかもしれない。

モダニズムがもたらしたものがもうひとつある。それは都市機能の分離という考え方であった。分離して単一化したほうが大量に供給しやすいという論理性が裏にあったと思う。ＣＩＡＭ（一九二八―五九年）のアテネ憲章（一九三三年）は、都市から住む・働く・レクリエーション・交通の四機能をとり出し、それらを分離して配置することにより新しい都市をつくることを提唱した。特にこのとき皆が重視したのは、工場と住宅をできるだけ離すことだった。それはこの時代としては無理もなかったことではあっただろう。結果としては、機能分離型の都市計画は世界中に蔓延した。今も我々はこの後遺症に苦しんでいるといえる。

アテネ憲章はＣＩＡＭの中でもその後批判を浴び、またＪ・ジェイコブズの『アメリカ大都市の死と生』（一九六一年）でも痛烈に否定された。当然である。人はロボットのように生きることはできない。都市はさまざまな機能がモザイクのように交錯すべきところであると私は思う。都市は思い切り雑然としているべきである。混沌の中から初めて知的な刺激や、活き活きとしたコミュニケーションが生まれてくるのである。

一九八〇年代以降のヨーロッパは、古典的都市への回帰に向かったと見ている。多くの都市が、中世の面影を残すかつて囲郭されていた旧市街を都心として位置付け、そこから車を追い出して歩行者のパラダイスへと戻していった。革命後二〇〇年を記念するプロジェクト（一九八九年）は、パリの古い街区のモダニズム的修復であった。東西統一後のベルリン最大のプロジェクト、ポツダム広場周辺の再開発（一九九〇年～）は、ベルリンの古典的街区をモダニズムデザインで復活させるプロジェクトであったと理解している。

レイクショアドライブ・
アパートメント、
ミースv.d.ローエの傑作、シカゴ

マルセイユのユニテ、ル・コルビュジエの設計、フランス

パルケ・エドゥアルド・ギンレ、
リオデジャネイロ
公園を縁どるように
ピロティ建築が並んでいる

パルケ・エドゥアルド・ギンレ、リオデジャネイロ
公園と一体となったピロティ建築

スーパーブロック308、ブラジリア
ピロティの抜けが気持ちいい

都市はかくあるべきである、ストロイエ。コペンハーゲン、デンマーク

ロンドンの背骨はリージェントストリートである

第Ⅲ章 日本の都市について

日本人の心のふるさと
伊勢おかげ横丁の昼下り、
三重県

日本の都市の歴史

今さらではあるが小川喜弘の定義によれば、都市とは「ある限定された地域に、数多くの人々が居住して、お互いの密接な関係を保ちつつ、政治的、経済的、文化的活動を営む場」ということらしい（宇沢弘文・堀内行蔵『最適都市を考える』東大出版会）。

そういう共通項はあるとしても日本の都市は江戸期までは、ほとんど独自の発展形態をたどってきたといっても差しつかえないだろう。平城京、平安京などで中国の影響を多少受けたこともあるが、ほとんどは日本特有の進化過程であったと思う。

その結果として、江戸末期の日本都市がヨーロッパと同じような成熟を迎えたかといえば少し疑わしいかもしれない。都市の主役としての商工者の台頭や、サーキュレーション手段としての街路の発達といった点では、少々見劣りするからである。

しかし、同時代のヨーロッパと比べて、優るとも劣らぬ江戸、大阪の人口集積や都市建築としての町屋・武家屋敷などの完成度などにはなかなかのものがあった。文化的な繁栄も端倪すべからざるものがある。歴史にタラレバはないが、もし日本に明治維新という革命なかりせば、世界で類例のない形での都市の成熟を眼にできていたかもしれないとさえ思う。

世界には一〇〇〇年以上の歴史を誇る都市はいくらでもある。日本では京都を除けば、都市らしきものができてからまだ五〇〇年くらいしか経っていない。「織豊期以前は日本で都市と言えるようなところは京都しかなかった」と山﨑正和はいっている。「堺は惜しいところまでいったが、潰されてしまった。京都でさえ都市らしくなったのは東山時代になってからだ」と彼は主張している。キーポイントはいわゆる市民である町衆の出現であった。「(京の)町衆のなかには公家や武士の一部、商人も職人もいて、階層的なものを横断して町の住民というものができていた。そういう中から角倉、後藤などといった豪商が生まれてくる。彼らは商人であるだけでなく、発明したり土木技術を駆使できる深い教養を持ったルネッサンス人であった」(『日本史を読む』中公文庫)。

日本の商人のはじめは行商人である。京都の桂女、大原女などが有名で、彼らは各地の定期市（大斎市）をめぐっていた。室町時代になると、京都などに常設の小売店「見世棚」が多くなった。店を構える商人は財産を守るために権威ある者の保護を必要とした。必然的に武力的・宗教的権威を頼ることになる。

日本中に都市的集落が本格的に勃興したのは戦国時代といわれている。まずは城下町である。最初は為政者に臣従する豪族の屋敷がただ立ち並んでいるようなものにすぎなかった。そこに武士の生活を支えるインフラ的な商工業者が集まり、やがて庇護を多とする行商人たちも軒を並べて居を構えるようになる。商工業者たちはやがて徐々に力をつけ、その活動の範囲・規模を拡大して都市を隆盛に導いていった。

城下町には城壁がなかった。そのかわり街路計画が工夫されたものが多い。一気に城が攻め落とされないようにするためである。萩には「かぎまがり」という街路パターンが今も残されている。これは防衛には便利だったかもしれないが、普段の生活にはけっして使いやすいものではなかっただろう。武士たちにはまだしも、商人たちの活動には厄介な代物だったと思う。サーキュレーションのシステムとしてはやや不便である。

武家屋敷街と商工業者の町屋街とは、厳然と別れているもののほうが多かった。しかし中には混然としたものも散見される。金沢はふたつの街路に沿って町屋が並び、その間と外側に武家屋敷が配されるという珍しい構成であった。もともとふたつの街道のほうが先にあり、その間に城があとからできたからである。仙台も町屋街と武家屋敷街がゾーンとして分れていなかった。備中高梁では、武家屋敷と町屋はほぼ同等にまじり合っているように見える。大きさもたたずまいもあまり違っていない。武士と商工民との差別があまりなかったのではないかと思う。同じ都市民としての共同体意識も発達していたことだろう。城下町はひとたび負け戦になれば簡単に焼き払われるさだめにあった。防御の手段が全くなかったからである。

萩の武家屋敷街、山口県

高梁のまちなみ、岡山県

大阪と江戸

商工業者のもたらす富に真先に眼をつけたのは天才織田信長であった。彼は楽市・楽座によって領地の外への商工業活動の拡大を促進した。その富によって天下征覇をもくろんだのである。秀吉はそのあとを継いだ。商工業者たちの活動を応援した。

秀吉の開いた大阪は、上町台地の西端に城をおき、その南、四天王寺までを武家地とし、その西側の広い低湿地を町人地とした。今もその面影を残すグリッドパターンのまち船場である。町人地は都市域一六㎢の八〇%を占めていた。

家康は秀吉のあとを継いだ。家康もまた一人の天才である。利根川を東に曲げ玉川上水を引いて大都市江戸をつくり上げた。ただひとつ惜しいと思うのは、彼は商工業活動をあまり重視しなかったところである。

家康はほとんど大阪と同じように江戸をつくった。武蔵野台地の東端に城を構え、その西側台地に武家地をおき、東側を埋めたてて町人地をつくった。町人地はしかし、江戸市域のわずか二〇％にしかすぎなかった。さすがにそれでは足りなかったので明暦の大火（一六五七年）のあと、保科正之は町人地を大川をこえて拡張した。あわせて彼は小街路だらけの密集したまちに延焼防止帯（広小路）を設けた。

しかし江戸の建築といえば、大通りに面した大店こそ耐火性のある建物（土蔵づくり）であったが、それ以外は簡易耐火（塗屋づくり）だった。会所地に建てられた庶民の長屋にいたっては板がきのごく粗末なもの（焼屋づくり）であった。結局、江戸はその後も幾度となく大火に見舞われることとなる。江戸期、関西から江戸の裏長屋に流れこんできた人たちは、あまりに粗末な普請にびっくりしたらしい。「江戸の家十軒は上方の一軒にかけあう」という言葉を残したと伝わっている（青山佾『痛恨の江戸東京史』祥伝社）。伊勢・大阪・近江などの大商人にとっては、江戸は所詮出先という扱いだったのだろう。

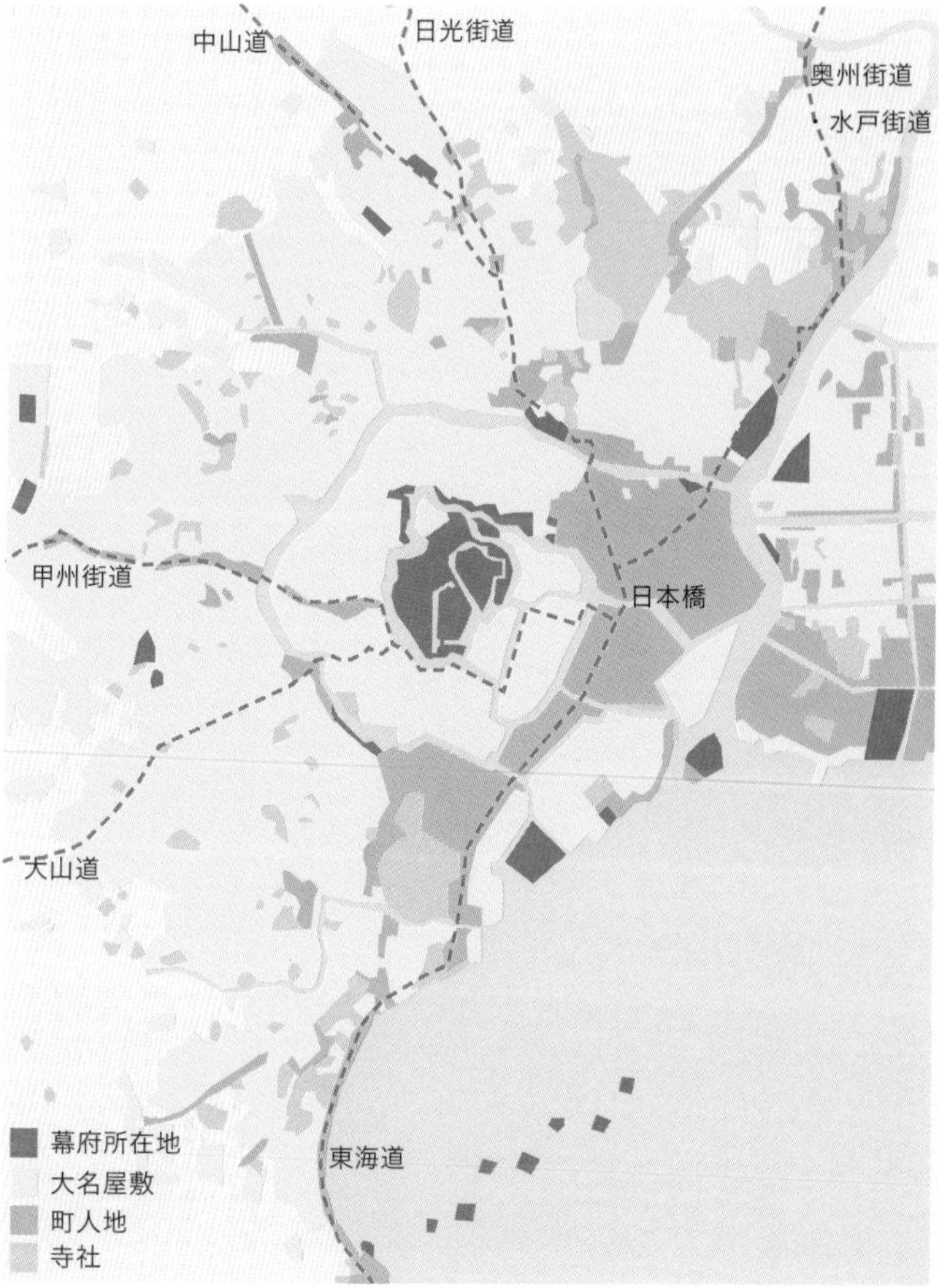

江戸土地利用計画図。武家屋敷が多いことがわかる

町屋

江戸期、特に関西で商工民が住んだのは町屋であった。道に沿って魅力的なまちなみを形成していた。うなぎの寝床と称される奥長の敷地で、道路から店の間、中の間、奥座敷と中庭をはさみながら配列される。それらの側面をむすぶように表から裏へ通り庭・土間が貫く。職住一体の都市建築として実に見事な解決を示していた。関東には残っているものが比較的少ない。商工業といえば圧倒的に関西のほうが先進地帯だったからだろうか。

京都室町の無名舎・吉田家を訪れた。美しい町屋である。特に中庭がいい。「通り庭」の台所上部には吹抜けと「火袋」があった。万一火災のときはここから炎を上方に放ち、隣家への延焼を遅らせるのだという。いちいち感心してしまった。

町屋といっても、土間に二間の部屋と屋根裏くらいしかない小さなものから、吉田家のように二階や離れのついている大型のものまで千差万別であった。大型町屋では二階に従業員が住み込んだり、遠くから来た客が泊まれるような仕組みのものもあった。中には商人一家のものというより、ひとつの会社の社屋を思わせるような巨大なものまであった。

商工業者たちは事業が拡大すると転居した。敷地に余裕があれば拡張も行った。町屋は案外流動的な装置だったと思う。しかし、あくまでひとつの商家単位であった点に限界があったといえるかもしれない。

ローマ都市の住戸は表が店、奥が住宅で、一部二階に奴隷が住んだ。ローマ時代後半になると三階建ての建物も現れた。日本の町屋はこれと同じくらいのレベルであったかもしれない。ヨーロッパ中世都市になると建築は四階建て以上となった。そうなるといろいろな用途、さまざまな人々が同居するようになった。建築は個人の所有物から離れて、みんなで使うまちの装置として機能していくことになる。日本の町屋の流動性は残念ながらそこまではいかなかったかもしれない。

京の町屋、吉田家

犬山城下の町屋、愛知県

知覧武家屋敷、鹿児島県

金沢の武家屋敷街

武家屋敷

城下町といえば何といっても武家屋敷である。日本人のＤＮＡには武家屋敷への憧憬がすりこまれているような気がする。日本都市といえば城下町、あこがれのライフスタイルはやっぱり武士だったと思う。

江戸の町の七〇％は武家屋敷であったという。グーグルアースでもし上空から眺めることができたならば、瓦屋根のグレーのロの字がびっしりと並び、その一つひとつにエメラルドグリーンの庭がはめこまれていただろう。それは息を飲むような美しい姿だったに違いない。

一方、ひとたび地上に降り立てば、武家屋敷街は延々と白壁や板壁がつづく案外つまらないストリートビューだったのではないか。今日、萩や金沢で見る武家屋敷街とかわりない姿である。綺麗だがまちとしては少し淋しすぎるように思う。城下町ファンの方すみません。

そもそも城下町は、在郷豪族が大名の家臣となって移住させられてできたものである。最初はなかばいやいやの別宅、人質屋敷のようなものだったろう。中をスパイされないように、できるだけ閉じてつくる必要があった。そういう城下町の窮極の拡大版は江戸で、現代風にいえば、塀の中の治外法権が並ぶ、いわば大使館街のようなものだったのだろう。

もっとも、ストリートにやさしい武家屋敷街というものもあった。残っているものでは知覧武家屋敷（鹿児島）が印象的である。塀のかわりの生垣がフレンドリーな表情をつくっている。中はのぞき込みにくいし開放性は乏しいが、知っている人なら中に入って行きやすい感じのする、やわらかいたたずまいである。まちとしては無味乾燥な塀が並んでいるよりは少しはましな感じがする。

武家屋敷は江戸時代中期になると、外部に対してギスギスと閉ざしてばかりもいられなくなった。上級武士の一部は今風にいえば官僚であった。武家屋敷は彼らにとって住宅であると同時にオフィスにもなったろうし、奉公人の寄宿舎にもなっただろう。またときとして、来客をもてなすレストラン・ホテルの機能も果たしたと思われる。

武家屋敷は主君からその身分によってあてがわれた。当然出世すると転居した。武士たちは屋敷を自分のものとは思っていなかっただろう。一時使わせていただいているだけ、案外流動的な装置であったと私は思っている。

城下町以外の都市的集落

城下町以外にも、江戸期の日本にはたくさんの都市的集落があった。典型的なのは門前町、宿場町、港町などである。それら以外にも、在郷町という寺社・宿場・港などの中心施設をもたない農村集落の都市的なものもあった。これらをあわせると、案外たくさんの数の都市が存在していたのではないだろうかと私は思う。これらはおしなべて近年まであまり注目されてこなかった。江戸期は農本主義の時代だったからであろう。商工民は我が国の歴史のうえでは重視されてこなかったのである。

網野善彦は次のように主張している。「江戸時代に町と認められたのは、城下町、それに堺や博多のような中世以来の大きな都市だけで、他はすべて制度的には村と位置づけられ、村は百姓によって構成され、百姓は農民であるから村は農村であるという一種の思い込みがあった。例えば山梨県は水田の少ない山国で、非農業的な地域です。ですから甲州人も自ら貧しいと思っているのですが、その反面、山梨は甲州商人・甲州財閥で有名でもあったのです。石和の市辺村は古くからの市庭で都市なのです。また富士の登山口にあたる上吉田村も中世から間違いのない都市なのです」(『日本の歴史を読み直す』ちくま学芸文庫)。

甲州は江戸時代幕府直轄地だったため、大切・小切と呼ばれる貨幣納税が許されていた。したがって貨幣経済がほかより発達し、より付加価値の高い養蚕業などの産業が盛んだったらしい。農業は貧弱だが実生活は案外豊かだった。甲州人は皆が農民だったのではなく、少なからず商工民だったのではないかと網野は推測するのである。彼は能登の時国という廻船問屋についても言及している。そこの船頭たちは税金の帳簿上は水のみ百姓の扱いであったが、実態は千石船を操る億万長者だった。

かつて我々は江戸期といえば七〇%が農村に住んでいたと教えられた。しかし案外そうでもなかったのではなかろうか。かなり多くの人たちが都市的な集落に住み、都市的生活を楽しんでいたのではないだろうか？　そしてそれがこの国の活力を担っていたのだと思う。明治維新に日本人がうまく対応できたのも、そうした伝統があったからではないかと私は考えている。

江戸期に都市的集落で商工業等にたずさわった人々はどんな生活を行っていたのだろうか？　資料は残念ながらあまり残っていない。木造建築が多かったために遺構が見つけにくい。帳簿資料さえ残っていない。商工業活動に対するリスペクトがなかったからであろう。網野や磯田道史は襖の裏貼をはがして古い帳簿を見つけたりしている。ちなみに江戸の納税の仕組みはあくまで米中心であったために、米以外の税金資料が大切に扱われてこなかった。商工業に対する税金は甘かったらしい。磯田道史は、米にかけられた税金が三二・七％に対し、サービス・製造業は一・三％であったと指摘している（『江戸の備忘録』文春文庫より、磯本洋哉の引用）。幕府も藩も商工業者に対してはほぼノーマークだったのである。

明治維新のドタバタで、江戸期たくさんあった都市的集落はほとんどが消えてしまった。しかしそういう中でも、今日宿場町はかなりの数往年の姿をまだとどめている。著名なものだけを列挙しても木曽街道の妻籠、馬籠、奈良井、広島の竹原、福島の大内宿、越中八尾、四国の内子などがある。明治期になって、主要交通路からはずれ発展から取り残されたところばかりである。

ちなみに、宿場町が単に旅館業だけで食べていたと考えるのは大きな誤りであると私は思っている。たとえば、奈良井は櫛などの工芸品を製造販売する都市であった。越中八尾は和紙・養蚕業で繁栄した。ちなみに、今も残る「風の盆」という祭りが有名である。文化は商工業活動の活発な都市で生まれるのである。こういう都市が、江戸時代には無数に存在していたに違いない。

奈良井宿、長野県

馬籠宿、岐阜県

越中八尾、富山県

内子、愛媛県

竹原、広島県

港町

宿場町とは対照的に港町のほうはあまり良いのが残っていない。水運が明治以降あまりに急激にすたれてしまったためだろう。

そもそも日本の都市の主だったものはほとんどが港町だった。もともと世界中、都市というのは水辺につくられたものであった。ヨーロッパ都市は名称に川の名前が添えられている。フランクフルト・アム・マイン（マインのほとりのフランクフルト）というような具合である。生活用水を得るためと同時に、もうひとつ忘れてはならないのは輸送手段としての水だった。ついこの間まで、世界中の人々は舟によって大量物資を運んでいたのである。今でも水運はあなどれないものがある。

竹村公太郎は、京都がなぜかくも長く日本の首都になりえたかということについて、極めて興味深い洞察を行っている。日本海と太平洋をつなぐ日本中でたったひとつの水路のど真ん中にあったからだというのである。地図でよく見れば、なるほど京都は若狭湾で陸揚げし、琵琶湖と淀川という南北水路による物資運搬ルートの中枢にある（『日本の謎は「地形」で解ける』ＰＨＰ研究所）。ちなみに、一六一九年に高瀬川水路を開削したのは角倉了以であった。彼は天龍川や富士川も開削している。甲州鰍沢は海のない甲斐国の港町として繁栄した。

太平洋・瀬戸内海・日本海を横動線とし河川を縦動線とする考え方は古代からあったらしい。これを全部つなげて全国的なネットワークにしたのは江戸期に現れた河村瑞賢であった。一六七〇年代に、彼は日本の沿岸をめぐる東廻りと西廻りの航路を相次いで開発した。東廻りは陸奥から利根川水系を使って江戸に入るルートであったが、それをさらに延伸し、犬吠埼をこえて房総沖からいったん下田に寄り、あらためて江戸に入る航路をつくった。西廻りは北海道から出羽酒田、日本海を下って下関より瀬戸内海に入り、いったん大阪を経由し、さらに紀伊半島を迂回して下田経由で江戸に入るルートであった。このふたつの海路が横の動線となり、河川・湖などの縦動線とむすびついてネットワークが形成された。

航路に沿っておびただしい数の港町が形成された。中でも出羽最上川の酒田は、江戸期は大阪、江戸に次ぐ第三の港湾都市であった。越前九頭竜川では三国だが、支流をさかのぼると福井、さらに朝倉氏の一乗谷まで行きつく。北上川の石巻から一関を経て盛岡にいたる水運を切り開いたのは伊達政宗だった。河口に新潟を擁する信濃川の要衝は川港長岡であった。湖では塩津が琵琶湖の要衝となった。霞ケ浦では佐原というまちが往時の繁栄の姿を今も残している。

江戸時代には西廻りを中心に北前船廻船業が栄えた。これは、もともとは近江商人がはじめたものだったらしい。廻船問屋はただ荷を運ぶのではなく、帰路も荷を買いとって売却した。これによって帰り舟の無駄がなくなった。一八世紀中頃には各港町に廻船問屋が星の数ほど生まれた。前述の能登時国や酒田本間家もそのひとつである。

水運は明治期前半まで日本のモノと人を運ぶ流通の柱であった。しかし、やがて鉄道に、つづいて自動車にとってかわられ、衰退していった。船は遠距離物流を扱うために大型化し、限られた近代的港湾のみが利用されるようになり、多くの港町は急速に衰えたのである。ほとんどが漁村に戻ってしまった。ひなびた漁村がかつて港町（都市）であったかどうか、見分け方がひとつあるらしい。「酒・和菓子の製造業者のある漁村は大抵元は港町であった」と岡本哲志は書いている（『港町のかたち』法政大学出版局）。

近江八幡は豊臣秀次が築いた城下町である。珍しくグリッドパターンを用いている。このまちも「水都」である。彼は商工業者を集積し、特に安土城落城後は安土の商工業者を囲いこみ移住させた。八幡堀をはじめ水郷の風景が素晴らしいこのまちは、大商人たちの本拠地となった。

佐原、倉敷、酒田、富山の東岩瀬など辛うじて残っている水都を見ていると、かつて日本中の海辺・川辺におびただしい数のこういう都市的集落がひしめいていた光景を妄想し心が躍る。北前船などの寄港するまちは、みんなあんな風に水面に向かってできていたのだろう。江戸や大阪だってもともとは海側が表だった。ヴェネツィアやアムステルダムのような水都であったのである。

江戸時代の航路

本間家、酒田、山形県

近江八幡、滋賀県

佐原、千葉県

明治維新と日本の都市

日本の都市は明治維新により激変した。ヨーロッパのように都市が成熟して近代化を迎えたのではなく、突如として外から無理矢理近代化の波を浴びせられたという感じであろうか。まず、交通システムがガラッとかわったことが大きかったと私は見ている。徒歩・舟が鉄道・自動車に急速にとってかわられたのである。

港町・宿場町の多くが時代に取り残されて衰退していった。生き残った多くの主要都市は改造を余儀なくされた。しかし、どうかえれば良いかは、なかなか日本人には見当がつかなかった。近代的都市の理想像など誰の頭にも思い浮かんでこなかったのである。

近代的都市とはそもそもどうあるべきであろうか? 私は都市をふたつの側面から見るべきであると考えている。ひとつは建築からであり、ひとつはインフラからである。両面とも重要だと思うが、私は職業柄どうしても建築から入りたくなる。しかし、都市にとってより大切なのは後者かもしれないと思う。特に道路である。

ベルリンの都市計画課にいたドイツ人の友人に、少しからかうつもりで聞いてみたことがある。「建築にも知見のあるあなたは道路の線ばかり引いていて淋しいと思うことはないのか？」。彼はびっくりしたようだったが、やがてわらっていった。「あなたの建築はせいぜい一〇〇年しかもたないが、私の道路の線は五〇〇年はもつよ」、どや顔に私はあぜんとしたものである。

ドイツ人にとっての都市は、最初に全体のイメージがなければならない。そして、それに基づいてまず道路がつくられる。道路網によって初めて建築の敷地が切り出される。当然、道路が先で建築はあとなのである。

そもそも日本では道路はあまり大事にされてこなかった。私は木曽に入っていく中山道を見たことがある。その狭さにはびっくりした。幅一間（一・八ｍ）しかないところがある。またアップダウンもきつい。皇女和宮が降嫁したとき通ったというが、行列する人々の苦労は大変なものであったろう。日本中の街道が江戸期はそんなものだった。

あんな道路で物資が大量に運搬できたはずがない。大量輸送は前述したように海路に頼っていたのである。日本には馬車という文化は生まれなかった。ヨーロッパの近世を考えるとずいぶん趣が違う。

道路は人やモノの移動のための装置である。しかしいちど都市に入ると道路は別な機能も同時に担うことになる。まだ車もなかった時代に、フランス人はなぜあんなに広いシャンゼリゼをつくったのかということである。都市では道路・広場は普段は市民生活の場であり、パレードやイベントのときはそのための舞台となったのである。道路・広場に面する建築の壁面は、ヨーロッパではファサードと呼ばれ大切にされた。整然としたファサードの連続によって、この外部市民生活の舞台空間は美しくしつらえられたのである。

芦原義信は特にイタリア都市について分析し、「図と地でできている」と述べている(『街並みの美学』岩波書店)。黒い図が建築だとしたら、白い地は道路・広場などである。どちらも重要なのだという。建築が重要な機能を担うのは当然だが、白い地のほうも「外部の生活空間」として大切な役割を果たす。この図と地のバランスで欧米の都市はできているのだという。

明治維新を迎えたときに、日本の都市の問題点は何だったのか。まず黒い図のほうでは、建築はすべて木造で火災に弱かった。また、近代的な都市機能を担う官庁・病院・教育・産業等の施設もなかった。白い地のほうではもっとも不足していたのは広い道路であった。

どちらを優先すべきだったのだろうか？ それはいうまでもなく白い地のほうであった。まず、骨格である道路を最初につくるべきであった。しかし我が国では全く逆の道を選んだ。昔からの古くて細い街路ストラクチュアを残したまま、近代的都市機能の建築を無理矢理はめこんでしまったのである。つたない選択であった。街路の拡幅・新設はあとまわしにされた。あとになるほど大変なのが街路整備である。

ベルリン都市計画課ヴァイスと筆者

中山道木曽路

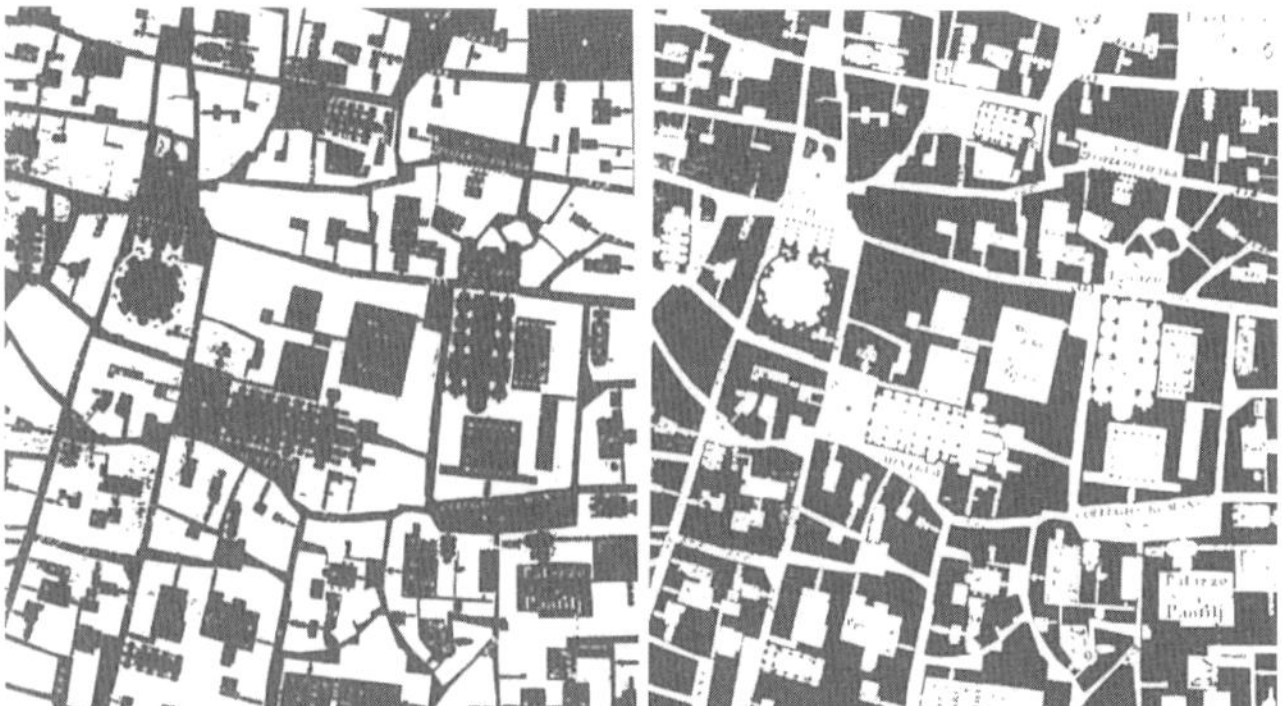

イタリアの地図を黒白逆転して見る。G.ノリ『ローマの地図』より

東京の都市整備

都市の近代化において多少ましな経過をたどったのは我が国では何といっても東京であろう。しばらく東京の明治以降の都市整備の経緯をトレースしてみたいと思う。

家康のつくった江戸は「の」の字型に市街地が広がっていた。そこから五街道が放射状に放たれていた。この基本的ストラクチュアは今日まで残ることとなる。明治新政府は江戸の七割を占めていた武家地を没収し、高級官僚・公家の宅地とし、ほか一部を新都市の中心街機能の用地に転用していった。井上馨と大蔵省は不平等条約改正のため、とにかく西欧に負けない立派な建築を急いだ。銀座レンガ街（一八七七年）、鹿鳴館（一八八三年）、官庁集中計画（一八八九年）などである。

インフラのほうは、内務省・東京府が山縣有朋の諒解のもとに「市区改正計画」（一八七九―一九一四年）を立てる。日本橋大通り（一九〇九年）をはじめ、多くの道路が市電の通れる幅に拡幅された。とはいえ東京の骨格づくりという点では、少々お粗末なものであったというべきであろう。江戸の三割を占めていた町人地には明治以降多くの庶民が戻ってきたが、そこに手をつける余裕は新政府にはなかった。

東京の近代的全体像というものをキチンとイメージできた人は、後藤新平（一八五七―一九二九）が最初で最後だったと私は思う。後藤は医者としてキャリアを開始しさまざまな分野で活躍したが、ここでは都市計画にからむ事項についてだけ触れたい。

後藤は東京の前に二度にわたって大きな都市づくりに関わった。最初は児玉源太郎の右腕として台湾のまちづくり（一八九五年）にたずさわり、二度目は満鉄総裁として満州のまちづくり（一九〇五年）を行った。これらの経験を生かし、一九一七年、彼は日本の都市計画研究会の会長となり、以後一九二九年に亡くなるまでその職を務めた。

一九一九年、後藤はヨーロッパ視察に行き帰国後東京市長となった。このとき作成した首都の整備計画は、スケールが大きすぎて「後藤の大風呂敷」と揶揄された。これは実現しなかったが、関東大震災後復興計画（一九二三年）として生きることになる。

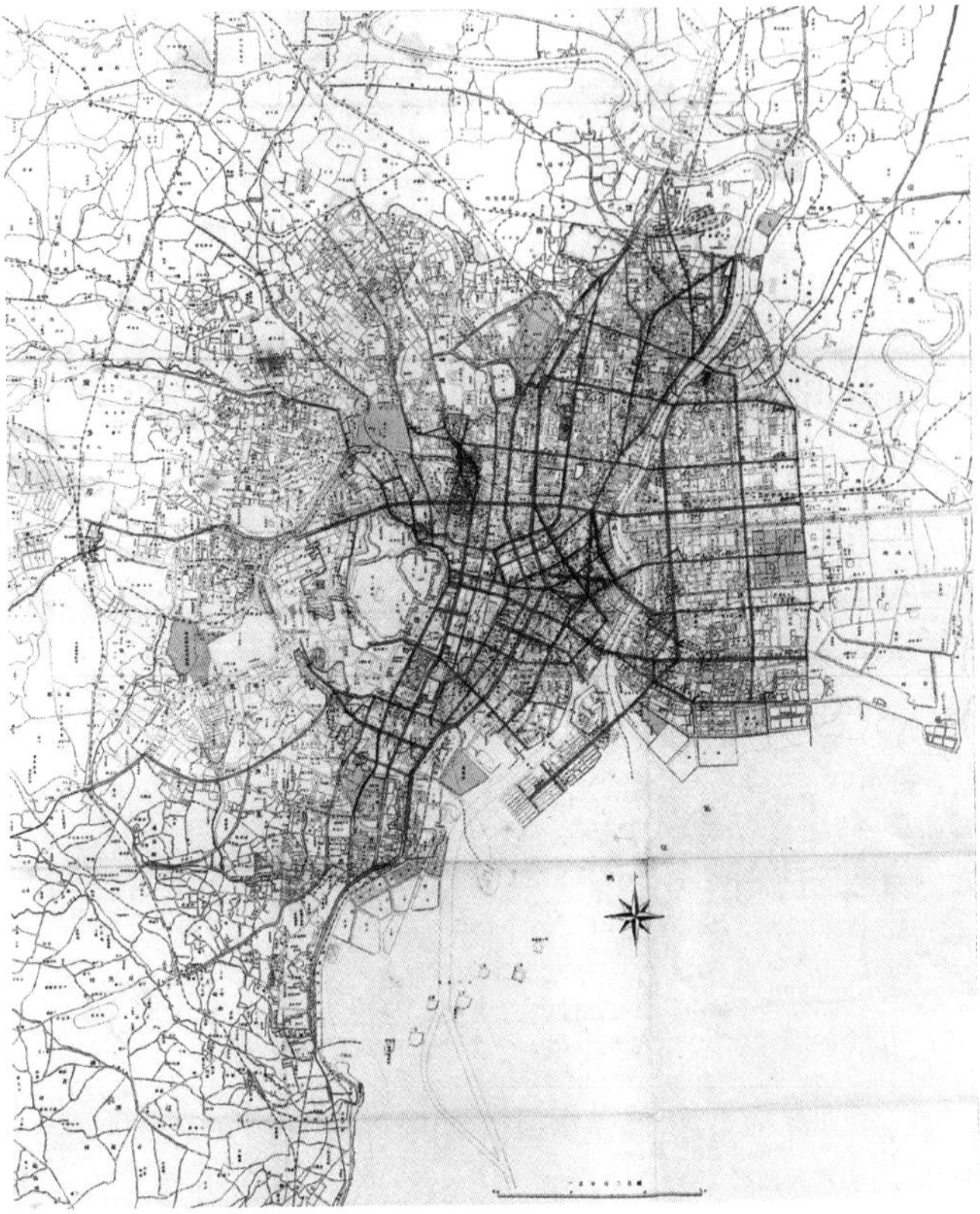

後藤新平の帝都復興計画第1案、1923年

後藤の復興計画は広い街路と公園の組合せによる大改造であった。かなりの部分は議会でつぶされたが縮小されて実現し、今の東京の財産となっている。皇居の東側の区画整理道路のほとんどは彼がつくり出したものである。公園も整備した。主なものだけでも昭和通り、晴海通り、靖国通り、明治通り、墨田公園、浜町公園という具合である。

後藤ほどではないが、この時期面白い活躍をした人物がもう一人いる。本多静六という。日本のオルムステッドみたいな存在である。日本の公園は一八七三年にはじまり、最初は寺社境内の転用がメインであった。最初の本格的公園は日比谷公園（一六ha）で本多により設計された（一九〇三年開園）。以後彼は日本中に大公園を設計する。彼の仕事の中で一番面白いと思うのは明治神宮（一九二〇年、七〇ha）である。彼は東京に森をつくり出した。大隈重信が日光みたいな杉林をというのを無視して、シイ・カシの広葉樹原生林を実現してしまった。ちなみに一九二三年に後藤の東京復興計画を描きあげたのは本多であった。林学の専門家である本多が、後藤の命を受け、不眠不休で都市計画を策定したというのである。大変な才能と見るべきであろう。

東京の骨格

今日の東京は、皇居を中心として環状道路がそれを取り巻き、そこから四方八方に放射状幹線がとび出していくという構成になっている。それをつくり出したのは、もとを正せば家康で、後藤がそれを近代的に脚色しなおしたというべきであろう。

現代の東京のサーキュレーション・システムは、道路よりむしろ鉄道に負うているというべきかもしれない。東京の鉄道は幹線道路とシンクロしたシステムとなっている。山手線がぐるりとめぐり、その各駅から郊外鉄道が四方八方にとび出していくという形となっている。はじめは郊外鉄道を山手線駅で降りると、環状線内は路面電車だった。これはやがて地下鉄にとってかわられた。乗替え駅の東京・新宿・渋谷・池袋・上野などは拠点として発展し、およそ一九八〇年頃までにひと通りの完成を見た。

一九九〇年以降は再び様相が少しかわりつつある。きっかけは郊外鉄道が環状線を突き破って、直接地下鉄に乗り入れるようになったことである。この結果、大手町・日本橋・六本木・虎ノ門・赤坂見附などが、新たに拠点として注目されることとなった。二〇二〇年以降は、山手線のかつての拠点駅も更新の時期を迎えている。また、拠点駅以外の山手線駅も新たに注目を浴びつつある。品川・秋葉原などである。

東京には固定的な中心がない。ロラン・バルトが驚いたように、皇居という真空を中心として、それを取り巻く数々の拠点が次々に更新・勃興を繰り返している。最初は東京駅周辺であった。やがて新宿に重心が移り虎ノ門が浮上すると、そのあとは渋谷・品川あたりが注目を浴びた。そうこうしているうちにまた東京駅周辺が再開発されていくというような具合である。東京はそういう不思議なまちなのである。

東京はロンドン・パリ・ニューヨークとよく比較される。東京都は都心を「センターコア」と呼んでいる。山手線の内側とその東荒川までのゾーンである。山手線は縦一三km、横七kmである。このセンターコアを他の三大都市と同じスケールで比較してみると、東京の中心的施設の配置はかなり分散的であることがわかる。

日本の地方都市では第二次大戦後に大通りが整備されたところが多い。どこの都市にも残念ながら後藤ほど全体像をイメージできる人物は現れなかった。多くが東京よりさらに分散的な構造となっている。行政庁舎を郊外に移転してしまった都市さえ散見される。都市を解体してしまいたいのだろうかと思う。

日本の都市の中で、大都市は比較的ましなほうかもしれない。大阪では何といっても御堂筋である。四四m幅のイチョウ並木の大通りを地下鉄と一緒に整備したのは、のちに大阪市長となった関一である。助役時代の一九一九年に発案し一九三七年に完成させた。杜の都仙台のケヤキの並木道のネットワークも素晴らしい。定禅寺通り・青葉通り・広瀬通りなどは戦後復興事業で整備された。札幌は明治以降につくられた都市であるが、幅一〇〇mの大通り公園が秀逸である。もともとは一八七一年の区画整理においては、まちを南北に分断する火防線（火除地）であった。のちに主たる都市機能施設が集積したために、札幌の中心に変身してしまった。日本のその他の都市では、福岡・名古屋・神戸・横浜などがそれぞれ味がある。

東京、セントラルコア・エリア

主要大都市における
トップレストランの分布。
東京は分散的である

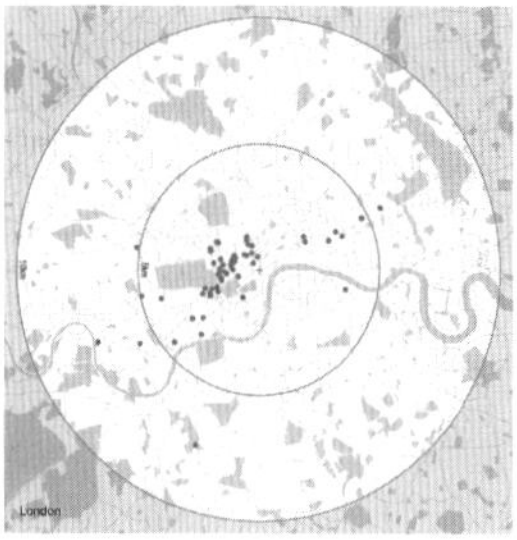

ロンドン

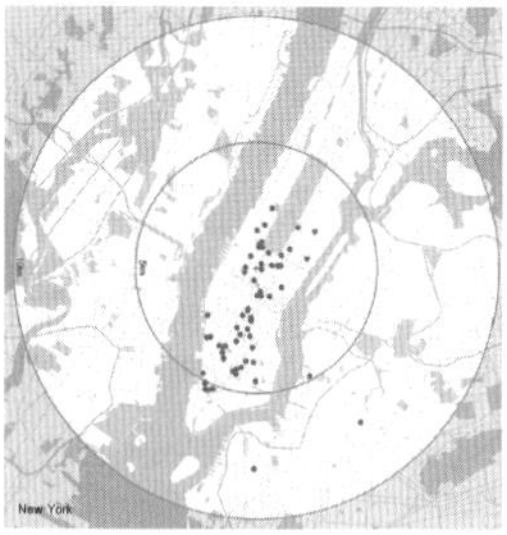

ニューヨーク

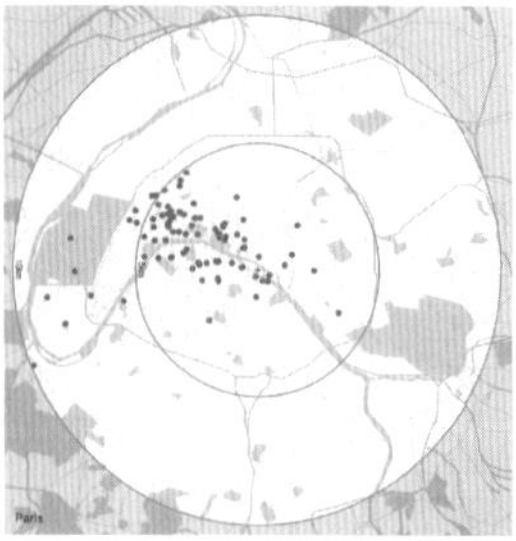

パリ

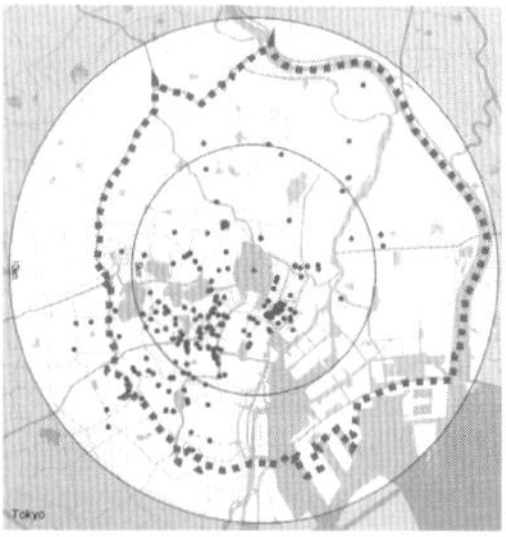

東京　セントラルコア

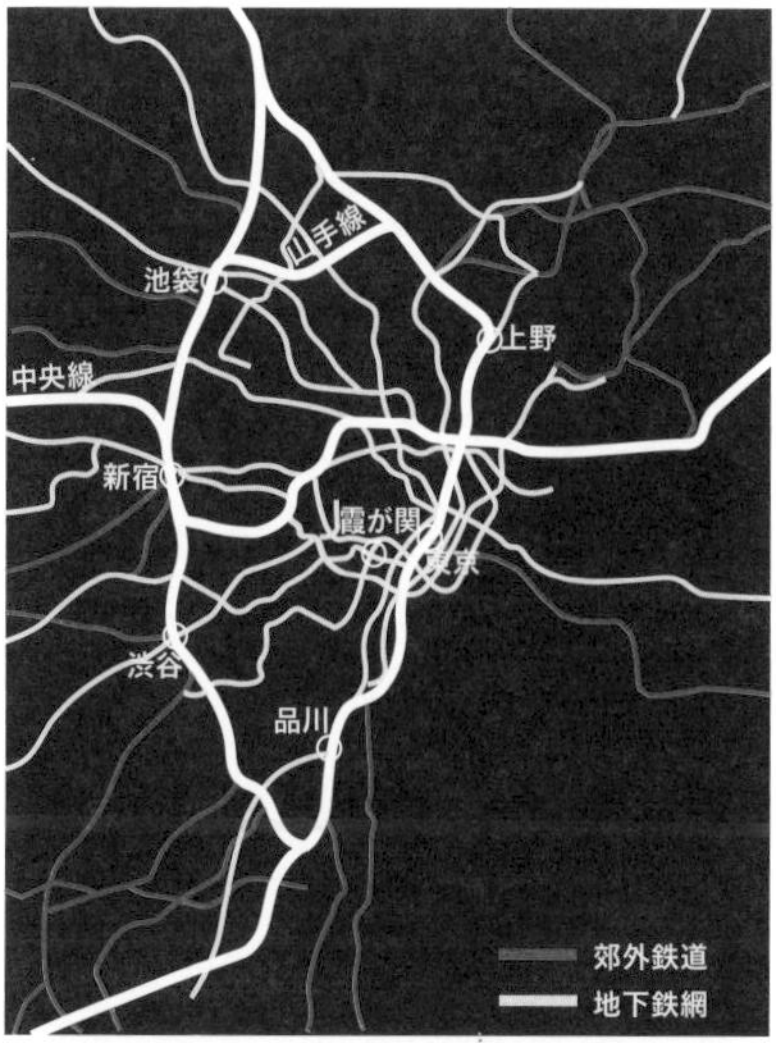

1980年代は郊外鉄道を
山手線駅で地下鉄に
乗り換えていた

1990年代になると
郊外鉄道が地下鉄に
乗り入れるようになった

青山同潤会アパートメント

東京の表参道は昔も今も私の大好きな場所である。何といってもケヤキ並木がいい。お店もみんなオシャレだ。立ち並ぶ建築も皆工夫があって優れている。

とここまでほめてきてナンだが、昔のほうが趣があったような気がしてならない。一流ブランドの店ばかりになって、かえって何となくせちがらくなったような気がする。目いっぱい店の面積をとろうとしている。建築の出っぱり引っこみが何だか少なくなってしまった。まちには雨宿りのできるスペースと腰かけられるベンチくらいほしい。俄か雨に困っている人に庇を貸すゆとり、まあ坐んなさいよというような粋な気遣いが日本の都市の心意気というものではなかろうか？

思い出すのはかつての青山同潤会アパートメントである。あれは陰翳があって本当に良かった。若い頃、前を通るたびに一度住んでみたいと思った。その思いはついにかなわなかったけれど。

同潤会は、後藤新平の腹心池田宏が関東大震災の義損金でつくった組織である。池田は後藤のもとで復興計画における区画整理実務を行った人である。当然、同潤会のバックには後藤がいただろう。同潤会はさまざまな事業に手を出すが、とりわけ私が注目するのは同潤会アパートメントである。それまで手つかずだった庶民住宅の不燃化の第一歩を記した。結果として日本のマンションのあり方に決定的な影響を与えたと思う。

中でも青山アパートは出色であった。前章で言及した「都市を構成するモダニズム建築」として表参道の景観をつくっていた。ああいうストリートタイプの建築が、その後の日本のマンションのメインにならなかったことは全く残念である。

結果としては、日本のマンションは高層建築が主流となった。この理由は前章で言及したように主に容積率である。庶民に安く大量に供給するには、青山アパートのような建て方では低容積すぎて採算がとれなかったのである。

しかし、表参道には青山アパートの遺伝子がまだそこそこに残されている。フロムファーストビル（一九七五年、山下和正設計）やヨックモック本社（一九七八年、藤本昌也設計）などを見ると私の心は落ちつくのである。これらは容積率を使い切らないで、都市にふさわしい沿道型（ストリート）の建築をつくり出した。素晴らしい名建築である。

この項の標題とは無関係だが、ついでに代官山ヒルサイドテラスという一連の建築群にも触れておきたい。これもやはり容積率をあまらせながら、中層の建築によって素晴らしい景観のまちを創出した日本では稀有な例である。代官山はこれができたことによって一躍有名なまちになった。目先の利益にこだわらなかったことが何十年も先になってまち全体の名を上げ、結果として資産価値を大幅にアップさせることとなったのである。朝倉不動産と建築家槇文彦の見識の高さに敬意を表する次第である。

戸建て住宅

私は現在東京の武蔵野市に住んでいるが、最近近所を歩いていて「塀のない家」が多くなっているのに気付いた。小規模宅地の新しい家、駐車スペースをとると塀をつくるほどの庭も残らないということらしい。オープンな感じが潔いし、植込みなどで道に対して心配りしている様子もいじらしい。住み人の心が見えるようで微笑ましい。

ところで、小さくても戸建て住宅に住みたいという日本人の願望は、そもそも世界共通のものなのだろうか？　外国のまちを散歩した記憶をたどると、どうもそんな感じはしない。かつてドイツ人女性にきっぱりいわれたことを思い出す。私の故国では小さな一戸建てを建てるような我が儘は許されない。

日本人はいつから戸建て住宅にこだわり始めたのだろうか？　第二次世界大戦後の経済政策として、持ち家が奨励されたことは大きかったかもしれない。私が子供の頃「奥様は魔女」というアメリカのホームドラマが放映されていた。ああいうもので戸建ての夢が煽られたのだろうか。ある時期、日本人の人生の目標が突然「家を建てること」「一国一城の主になること」になった。資産形成としても推奨された。定年までにローンを払ってしまえばよい。動けなくなったら売却して現金化できる。土地は値下がりしないという神話もこれを後押しした。日本の戸建て住宅の着工住戸が一〇〇万戸を超えたのは一九六九年だった。戸建て分譲元年と呼ばれているらしい。

日本の戸建て住宅といえば、何といっても田園調布と阪急沿線である。阪急の小林一三が田園調布の渋沢栄一のところに教えを乞いにきたという話が残っているから、どちらかといえばチャンピンは渋沢かもしれない。

明治期東京の下町には工場が立地し零細住宅が密集した。環境は悪化し余裕のある者たちはそこから逃げ出して西の高台へ居を移していった。鉄道も西進し高級住宅地がそれに沿って展開していく。江戸時代東と西は町民と武家の住み分けだったが、明治時代には工場労働者とホワイトカラーという対照にかわっていく。

渋沢栄一はロマンチストであった。彼はパリの商店主たちが郊外の住宅から都心の店舗に通っているのを知ってそれに触発されたという。一九一八年田園都市株式会社を設立し洗足（一九二二年）、多摩川台（一九二三年）の開発をすすめた。

「田園」という冠はハワードの田園都市によっている。しかし渋沢の四男秀雄はレッチワースを見に行って、いたくがっかりすることとなった。そして皮肉なことに、帰途立ち寄ったサンフランシスコのセント・フランシスウッドという住宅地（一九一二年）を見て感激するのである。彼はこれを範として田園調布の計画を立てた。セント・フランシスウッドはオルムステッド・ジュニアが設計したガーデンサバーブであった。

阪急沿線も田園調布と似たような経過をたどっている。明治維新後、大阪の下町は工場と労働者の集中によって劣悪な環境となった。人々は最初、上町台地を南に下って居を構えたがすぐにそこもいっぱいになり、一九〇〇年頃からは西の六甲南麓に眼をつけ移住をはじめた。

この動きに素早く反応したのが小林一三であった。彼は最初から鉄道事業と宅地開発をあわせて行うことを発想した。一九一〇年に箕面有馬電気軌道を開通、同年、池田室町で日本初の宅地開発を行った。池田室町のパンフレットは「美しい水の都は夢と消えて、空暗き煙の都に住む不幸なる我が大阪市民諸君よ！」という言葉ではじまっている。住宅地開発と同時に、小林は沿線に関西学院大学誘致、宝塚少女歌劇を創設、梅田にデパートをつくった。新しい市民層のための鉄道を軸とするリニアな郊外型都市を構想したのである。

ちなみに、鉄道とのペアリングという点では小林に一日の長があった。渋沢は鉄道のことをあまり考えていなかったらしい。渋沢は小林に東急の五島慶太を紹介してもらったという話が残っている。

田園調布は一〇〇〜五〇〇坪の敷地（平均二〇〇坪）を単位としていた。塀を禁じたというところが渋沢の骨頂である。許されたのは低い生垣程度であった。残念ながら戦後は徐々に高い塀が建てられ、相続税による分割がすすむと塀はどんどん増えていった。分割の最小単位は一九九一年に地区計画が策定されて、現在は最小五〇坪に規制されて

大通り公園は札幌の宝物である

いる。本家のアメリカのガーデンサバーブは、前述したように今でも敷地三〇〇坪以上、塀は原則としてないところが多い。敷地の前面空間も原則として市民の散歩空間として開放されている。日本では戸建て住宅に塀がつきものなのが残念である。

ちなみにアメリカのガーデンサバーブでは、住宅はたとえ木造でも一〇〇年くらいはもたせる。そのポイントはメンテナンスである。住民は戸建てでも日本のマンションと同じような高額の管理費をアソシエーションに払う。アソシエーションは地域の住宅群を一括管理する。敷地内の庭園・緑地も道路・公園と一緒に管理を行うことが多い。これにより住宅地全体はつねに美しく保たれるのである。

アメリカのガーデンサバーブでは道路・公園の面積が広い。田園調布も歩くと気持ちがいい。道路もカーブしていたりしてとにかく余裕がある。道路・公園の面積比率が大きいのである。小林は田園調布の道路率の大きさを聞いてあきれたという逸話が残っている。日本の多くの住宅地では、残念ながらガーデンサバーブや田園調布のような余裕のある道路・公園率は実現されなかった。

塀のない戸建て住宅。武蔵野市、東京都

明治初期に撮影した江戸市中。愛宕山より

倉敷は日本人の誇りである。岡山県

第Ⅳ章

都市はよみがえる

肖像画を描く青年、巧い。
シュトゥットガルト、ドイツ

まちを大切に思うこと

日本のまちが今いちである理由をずっと考えてきた。ある日ふと気付いた。つまるところ、日本人がまちをあまり大切に思っていないからではないかということである。見渡せば、周りの人たちみんなまちなんてあまり意識していない。盛り上がるわけがない。いつから我々はこうだったのかとよく考えてみると、案外根は深いような気もしてくる。

さまざまな民族がかわるがわる闊歩していたヨーロッパや中東・中国などでは、宗教や民族の対立による戦争は日常茶飯事であった。いったん戦争となればひどいことになる。掠奪や虐殺は当たり前、下手すれば皆殺しになるのである。そうなっては嫌だから、人数を集めて団結することは不可欠であった。

彼らは自分たちを守るために城壁で都市を囲郭した。そして富を蓄え武器をそろえ子弟を教育し有事に備えた。ヨーロッパ、中東、中国などを眺めると、古い都市は必ず囲郭されている。日本には城壁で囲まれた都市はとうとう生まれなかった。我が国では戦国時代を除けば大した戦争はなかったし、あっても同じ民族同士の戦いで、皆殺しなんて滅多に起きなかったからである。

上田篤は次のように書いている。「スイス人はみな自分の村や町を守るために防衛を行う。それが最終的にはスイスという国の防衛につながることを知っている。であるからスイス人は生まれた村や町を離れてどんなに長く生活しようと、自分の本籍を動かさない」(『建築から見た日本』鹿島出版会)。

「なぜ、都市からさっさと逃げないのだろうか?」とウクライナ戦争勃発のときつぶやいた日本人識者がいた。事実、逃亡したウクライナ人はたくさんいたが、残った人も多かった。動きたくても動けなかった人もいただろうが、一方でヨーロッパ人の都市への愛情の深さも影響しているのだと私は思った。

都市は誰のものか

矢守一彦はヨーロッパ都市の歴史を次のようにまとめている。「生誕のとき都市は神殿のごときものであった。その司祭者がやがて政教一致の権力を握り宮殿都市が生まれる。彼らが都市領主へと変質し城館都市となる頃、市場町や港町などが誕生する。やがて商人が領主に対抗できるほど台頭し商業都市に変わる。その次は産業革命を経て工業都市の出現である」（『都市プランの研究』大明堂）。

成熟したヨーロッパ都市の主役は商工業者であったというべきであろう。彼らは都市の庇護があって初めて商工業活動ができた。つねに掠奪の標的となりかねなかったからである。彼らにとって都市は自分たちの生活のすべてであった。人を集め教育を行い、また文化を育み、生活を楽しむ場であった。彼らは都市の存続を信じ、都市に富をつぎ込んできた。後継者がそれを受け継いでいく仕組みもつくった。そういう積み重ねがあればこそ、彼らは死にものぐるいで都市を守っていこうという気にもなったのである。もしかしたら城壁は防御のためというより、都市という集団をつくり上げるためにこそ必要だったのかもしれないとさえ私は思う。

ちなみに、ヨーロッパの商工業者たちにとっては集団行動は当たり前のことなのである。私は二〇年ほど前に、ドイツのある州の使節団に東京で遭遇したことがある。中国に向かう通商売込み集団であった。自動車・ソーセージ・ワイン・建築・土木何でもそろっていた。「約束を破ったら皆で報復しちゃうぞ」というような物騒な雰囲気をかもし出していたのが印象的だった。

渋沢栄一が一八六七年に初めて訪欧したとき、ベルギー国王に「鉄を買ってくれ」といわれてたまげたという話が残っている。ヨーロッパでは、国家が商業活動を庇護するのは当然のことだったのである。そういう中で、彼らが商工業活動を行う最小単位はまず都市であった。

都市間競争

ヨーロッパでは、古くから広い地域における都市間の交易が盛んであった。一七世紀の商業革命以降は、さらにそれが全世界に広がった。商売のライバルはどこにでもいた。商工者はつねに競争にさらされていたといってよい。彼らは前述したように、都市単位で活動を行ったので、必然的に競争も都市間で行われることとなった。この意識はヨーロッパでは今日も脈々とつづいている。

我が国では、江戸期、海外どころか藩をこえる往来さえ自由にならなかった。都市間競争どころではなかったというところであろうか。今日、地方の小企業までもが世界を相手に商売する時代となった。田舎の小都市に外国人が住みついて、仕事をはじめるのも珍しいことではない。我々の商売の仲間も、ライバルも、世界中に広がっている。我が国でも世界的な競争を意識すべきときを迎えているのである。

世界的な競争に、個人や企業の単位で立ち向かうのは愚策というべきである。欧米は最低限都市単位でやっている。当然我々も、都市くらいのまとまりで立ち向かうべきである。すでに我々は世界的な競争に巻き込まれている。競争には勝ちか負けしかない。福沢諭吉は「進まざるものは退き、退かざるものは進む」といっている（『学問のすゝめ』）。勝てなければ滅びるしかないのである。

競争に勝つのに必要なのはリーダーである。ヨーロッパの市長は都市の経済的繁栄をつねに考えている。企業を後押しし観光を奨励し経済を活性化させる。そうして得た税金で福祉や文化活動を行う。市長はいわば都市の経営者である。

日本人は残念ながら集団活動とリーダーづくりが苦手である。鈴木秀夫は次のように書いている。「森林では人はそれぞれバラバラに違った方向に行っても飢え死にすることはありませんが、砂漠ではオアシスの方向を間違えたら全員が死ぬというのが原理であります」（『森林の思考・砂漠の志向』ＮＨＫブックス）。日本人は森林から抜け出して強いリーダーを見つけなければいけないと私は思う。

観光

かつて我々の夢は、若いうちなら、重いリュックを背中にしょって世界中を歩き廻ることだった。少し余裕ができれば、ジェット機に乗って珍しい場所を旅行した。ガーシュインに「パリのアメリカ人」という名曲がある。パリ見物のアメリカ人が眼を丸くしてキョロキョロする様子がユーモラスに描かれている。揶揄の対象はその後日本人へ移り、近年は中国人となった。しかしまだ日本人の多くは、観光といえば物珍しいモノを見て廻ることだと思いこんでいる。その考えはもう古い。

観光は今やどの国にとってももっとも重要な産業のひとつである。コロナ前日本は、オリンピックで外国人観光客四〇〇〇万人をめざしていた。実際は、ピークは二〇一九年で、日本の人口一億二六〇〇万に対し三一〇〇万人であった。同年フランスでは人口六五〇〇万人に対し八九〇〇万人、イタリアでは人口六〇〇〇万人に対し六四〇〇万である。この数字だけでも圧倒されるが、それより重要なのは実は内容のほうである。

フィレンツェという有名な観光都市がある。その周辺はトスカーナ州というイタリアでももっとも豊かな農村地域である。ここでは農村観光（アグリトゥーリスモ）が盛んである。長期滞在して有機栽培の野菜やおいしい豚肉を食べ、キャンティを飲んで何日もボーッと過ごすのである。

フィレンツェの教会ドゥオモやウフィツィ美術館は素晴らしいが、何度も繰り返し見に行くものでもなかろう。その点、農村観光のほうは安上がりで何日も滞在でき、気分転換にもなりとにかく健康的である。また来年も来ようという気にもなるわけである。農村観光はフランスではツーリズム・ベール、イギリスではグリーン・トゥーリズムと呼ばれ、コロナ前にはかなり主流になってきていた。

こうした滞在型の観光は農村だけではない。普通のまちに滞在する観光は、イタリアではアリベルゴ・ディフューゾ（分散した宿）と呼ばれている。ホテル機能がまち中に分散しているという考え方である。まさに普通のまちに滞在することを楽しむのである。

近年、東京谷中でも、宮崎晃吉という若い建築家が中心となってこれを展開している。古い民家を改造して二階に自分のオフィス、一階にフロント兼用のカフェをつくった。ちょっと離れたところに民家をリノベして宿を用意した。客が来るとまちを案内しながら宿まで送っていく。風呂はまち中の銭湯、レストランはまち中の居酒屋を紹介する。自分たちで飲食・菓子・ジェラートの店舗までつくってしまった。

繰り返し滞在していれば情も湧いてくるというものである。まちの使い方も知悉できる。いっそ住んでみようかなという気にもなってくる。

あらゆる動物の中で、人間だけが旅行をするのだそうである。何のためだろうか？あるTV番組で得た知識であるが「よりよい定住の場所を見つけるため」なのだそうである。あちこち見て歩き今自分が住んでいる環境と比べる。良い場所があると住みかをかえる。もともと観光という言葉の出典は『易経』である。光を観るの光とは「人々が幸せにくらす様子」をさしている。観た結果自分もこんなところに住みたいもんだと思う。観光の本来の目的は、実は「新しい拠点さがし」なのである。

HAGISO、2階はオフィス、1階はカフェになっている。谷中、東京都

フィレンツェの周りは緑豊かなトスカーナである。イタリア

ボートオンザウォーター、田舎のまちの水辺で過ごす。イギリス

マルチハビテーション

では、人はこれからは、どういうところを拠点として選ぶのだろうか？

コロナのもたらした最大の革命は、テレワークである。どこで働いてもいいなら、まず自分の好きな環境を選びたくなる。かくして、軽井沢・河口湖・葉山など良質な地方・郊外がすごい人気となった。ところがその動きも最近は一段落してきている。

東京都心のオフィスはコロナで空室率は上がった。しかし将来的には、けっしてその輝きを失うことはないのではないかと私は考えている。コンパクトに生活するには、都心はやっぱり便利だし魅力にあふれている。ただ、かつてのように漫然と人が集まるところから、知的な刺激を求めて目的的に集うところへ変身していくだろうとは思う。

我々の生活拠点というのは案外どこでもいいというわけにはいかないものである。環境さえ良ければというようなものでもない。近くにそろっていてほしい施設というのがある。それは当然、ライフステージ、単身・ディンクス・子育て・熟年・リタイアなどによって異なってくる。また休日・平日・季節などによってもかわってくるものである。人は何によって自らの拠点を選ぶのか？　これからはまちで選ぶのだと思う。

かつて日本人は終の棲家という言葉が好きであった。今やそれはもう古い。テレワークによって大きくかわった。これからはもっと気楽に拠点を選ぶ時代になってくる。ライフステージで転居したり、同時に二つ三つもって、使いわけるようになるだろう。

マルチハビテーション（多拠点居住）は、ヨーロッパではかなり前から行われている。私のドイツ人の友人は、ハンブルクと近郊の小さなまちに、それぞれアパートを借りていた。一カ月おきに夫婦で往来していた。大都市では仕事仲間と交流し、小都市では幼馴染みと楽しんでいた。またあるヴェネツィアの商人夫婦は、冬はヴェネツィアに住み、夏はリド島に住んでいる。夏は観光客が多すぎるのでエスケープするのだそうである。それぞれ夏の家と冬の家に、夏・冬用の生活道具一式がそろっている。引越しは歯ブラシひとつ、小さなトランクに入れてヴァポレット（定期船）に乗るだけである。

夏はリゾートのリド島に住む

冬はヴェネツィアのまちに住む

中心街

近代都市は、モダニズム建築の隆盛とともに拡大してきた。これは欧米でも日本でも共通である。大都市には、やや無造作に巨大化された単一機能が、集積することとなった。高層オフィス、高層住宅、大型商業施設などがやみくもに並べられている。残念ながらそれらだけでは都市は魅力あるものにはならない。

都市には中心街が必要である。ひとつは「シビックコア」とでも呼ぶべきもので、行政・業務など都市機能の中枢である。もうひとつは「繁華街」とでも称すべきもので、都市ににぎわいをもたらし、市民にコミュニケーションの場を提供する。このふたつの機能は、分かれて存在することもあれば、共存することもある。ヨーロッパ都市では、中世に城壁で囲まれていた旧市街に、混在することが多い。アメリカではダウンタウンで、もともと都市が発生した場所あたりに、並立されることが多い。日本の場合、シビックコアという観念はあまりなかったし、繁華街にしても、自然発生的な生成にまかせてきた。計画的に中心街をつくろうとしてはこなかったと感じる。

行政・業務の中心としてのシビックコアは、東京では東京・霞が関・新宿・虎ノ門などであろうか。それを今や渋谷・品川が追いかけている構図である。これらは高層オフィスの集積でできているが、そのあり様は転機を迎えようとしている。テレワークが普及した今日、単なるオフィスから目的的に使われる場にかわりつつある。

高層オフィスは一日中ワーカーをカンズメにする装置から、ミーティング・打合せ・クリエイティブな協働活動を行うところに変容してきている。職域食堂で昼メシを食べ、接客スペースのみで外の人と接触するだけなんてもう古い。社員はどこにでも出て行って食事し、自由に人と会える時代となった。オフィスのほうも、まちが中まで入りこんでくるようなものにかわっていくのではないかと思う。縦の動線を大きく開き、誰でも入ってこられるようなものにかえるべきである。

繁華街は、都市にとって特に重要なものだと考えている。めくるめくような魅力的な商業・飲食、見たことがないくらい珍しいものの並ぶ美術館・博物館、刺激的で時代の先端をいく劇場・ホール・映画館、少しいかがわしい香りの場所なども含め、それらをひとところに集めて繁華街をつくるべきである。人はそこに惹きつけられ、目的がなくてもやってきて、集い、彷徨う。お金がある人もない人も、老人も子供も、旅人も外国人も、誰でも時間を費やし生きていることを実感できる場所である。都市の真髄というべきところである。

繁華街は東京では新宿・渋谷・銀座・表参道といったところであろうか。これらの現在のホスピタリティは、十分ではないと私は感じている。若者だけが肩で風切って歩いていたり、お金をもっている人たちだけが幅を利かせるようなまちは、本当のまちではない。まちは経済論理だけに委ねていてはいけないのである。事業者が急いで投資を回収しようとするようなまちは、所詮うすっぺらなものである。まちが味を出し熟成し価値が上がるのには、二〇年三〇年の長い年月を要する。繁華街の経営を行う主体は長期的な視野をもつ必要がある。

ロンドンのアーケード、買物にもマナーとエチケットが必要なところ

都市にはこういう場所が必要。私のお気に入り、ロンドン・コベントガーデン

商店街

日本の商店街で成功しているのは、大都市の繁華街の一角を形成しているもののほかには、人気観光地の商店街くらいしかないと思う。商業コンサルタントの山下修平は、商店街のチャンピオンは西はロサンジェルス・ファーマーズマーケット、東は伊勢おかげ横丁と断定している。私の独断でつけ加えると、京都清水坂界隈も悪くないような気もする。一方、日本の中小都市や大都市郊外の商店街は、全く元気がない。多くがシャッター街になってしまった。

ヴェネツィアやリューベックの商人たちは、世界レベルの商業活動を展開していた。本拠地の店は、ショールームであり商談のためのオフィスだった。必ずしも店舗らしいしつらえは必然ではなかったと思う。店舗としては、食料品などの生活必需品の店と飲食店があれば、機能的には十分だったろう。わざわざ店を構えた理由は「演出」であったのではないだろうか、と私は見ている。働き場や新たな取引相手を求めてやって来る人々のために、入って来やすい雰囲気をつくりたかったのではないか。にぎわいや交流を通じて、革新やインキュベーションが生まれやすくしたかったのだと思う。

そういう目線であらためてヨーロッパの商店街というものを眺めると、彼らは「都市のインフラ」と考えていたのではないかと思う。あるいは「都市の華」かもしれない。いずれにしても、みんなで支え合ってつくり上げ持続させるべきもの、であった。ヨーロッパ人たちはそのあたりの機微をよく心得ていると思う。

都市文化の国イタリアでは、郊外ショッピングセンターやマクドナルドは許容されない。まち中の小売店やイタリアの食文化ピザの店が、つぶれてしまうからである。ドイツにはタンテ・エマズ・ラーデンという単語がある。エマおばさんの店という意味で、まちの小売店を守っていこうという愛情があふれている。

新雅史は「日本の商店街は二〇世紀になって突然できた」と、いささか衝撃的な指摘を行っている（『商店街はなぜ滅びるのか?』光文社新書）。我が国の商店街の多くは、農村から都市に集中移動した工場労働者たちのために、自然発生的に出現した。やがて、商店経営が儲かることがわかってくると、農村から都市への移住者のうちには、最初からそっちのほうをめざしてやってくる者も多くなったという。

その結果、日本の商店街は適切な量をオーバーしてしまった。一九三〇年から一九六〇年くらいの間にピークを迎え、その後はただただ衰退の一途をたどっていったのである。新は、その原因はスーパー・コンビニとの商業競争に敗れたこと、商店街自身が税制などの優遇措置に甘えて、自助努力を怠ったことだと指摘している。その指摘は正しいと思うが、私はもうひとつの原因として、日本人に「都市のインフラとして不可欠である」という認識が欠けていたことも挙げたい。なるべくそこで買物や飲食をして、商店街を守り育てる努力を、皆が怠ったからだと思うのである。

ロサンジェルス・ファーマーズマーケット、よくできている。アメリカ

伊勢おかげ横丁、いつもにぎわっている。三重県

インキュベーション

都市にとってもっとも重要な機能はインキュベーション（起業）である。産業がなくては都市は成立しない。持続する都市には、次から次に新しい産業が生まれつづける必要がある。しかし、一つひとつの産業の寿命は、そう長いものではない。若者たちがどんどんチャレンジできるような環境を整えることが重要である。それは若者の夢や生きがいにもつながっていく。

日本では、起業は個人や企業に委ねられてきた。都市ぐるみで起業を奨励する形は構築してこなかった。最近になって、あちこちの都市でいろいろな試みを行っているが、まだなかなかうまく機能していない。しつらえ方がいかにもぎこちない。

欧米との違いは、ひとつは教育機関と都市との関係だと思う。ドイツのハイデルベルクやアメリカのニューヘイヴン（イェール大学）などを見ていると、大学とまちが一体化している。日本では学問の場が象牙の塔としてまちに対して閉じている場合が多い。これでは交流は生まれないし、インキュベーションも実現しない。日本の都市は、もっと教育機関を資源として活用すべきである。島根などで行われている高校生の離島留学はひとつのヒントになる。教育機関に集まる若者たちを、まちぐるみで支援していくような、そんな仕組みをつくったらどうかと思う。そこに企業をリタイアした人たちをからませる。そんなふうにしてインキュベーション都市を創出すべきである。

都市と教育機関とが離れている原因のひとつは、企業のスタンスにもあると思う。筑波大学長の永田恭介は「日本の産業界は高等教育にお金を出さない」と嘆いている（『日本経済新聞』夕刊、二〇二三年二月九日）。お金だけでなく、応援・協力さえ少ない、と私は思う。人材を輩出し、産業を生み出す教育機関を、企業はもっと大事にするべきである。互いに交流を深め、一緒に切磋琢磨していく必要がある。都市はそのための場であるべきなのである。

大学とまちが渾然と一体化したハイデルベルク、ドイツ

ニューヘイヴン、イェール大学のまち。アメリカ

まちづくりを担うのは誰か

欧米で都市が今日の隆盛を迎えているのは、「慈善」という考え方があるからではないかと考えている。たとえば、大きな財産を有する者は、いくばくかを子孫に残し他は慈善団体に寄付してしまう。慈善団体は都市の維持活動を行う。以前、ＮＨＫＴＶでリューベックの子供のいない夫婦が、遺言で全財産をある財団に寄付する経緯を放映していた。財団は老健施設や身寄りのない子供の施設を整備していた。スイスのパウル・クレー美術館も、後継者のいない夫婦が遺産を寄付したことによりつくられたという。古くはフィレンツェのメディチ家、アウクスブルクのフッガー家など、欧米ではこうした例は枚挙にいとまがない。

それにひきかえ日本では、富豪や成功した企業が素晴らしいまちを遺したという話は、あまり聞いたことがない。そういう中で、大原孫三郎・聰一郎の大原家の功績は特筆すべきものである。特に大原聰一郎は、留学先のドイツでローテンブルクを見て感激し、帰国後倉敷のまちを遺すことに邁進した。彼の尽力なくしては、今日の倉敷の美観はなかっただろうと思う。

ちなみに、富山・東岩瀬の森家という北前船廻船問屋を訪ねたことがある。この町屋でも大原聰一郎の名を見つけてびっくりした。大原は東岩瀬に倉敷レーヨン工場があったことが縁で、この町屋を宿舎として買い取りのちに富山市に寄付していたのである。

まちは誰がつくるのであろうか？　今日的な思考法としては「まちづくりは自分たちでやる」ということにつきると私は思う。デベロッパーなどの営利企業は、毎年黒字を出さなければならない。おのずと限られた役割しか果たすことはできない。まちづくりは三〇年五〇年の計である。すぐに利益が出なくても、やるべきことがたくさんある。

山形県鶴岡市にヤマガタデザインという会社がある。この中心人物は一九八五年生まれの山中大介である。現在六〇名の社員、二七万人の株主がいる。これらの人々と地元四〇社から二三億円のお金を集めて彼は事業を起こした。水田テラスなるリゾートホテルを経営し、有機栽培を行う農業会社を起こし、人材紹介のための活動も行っている。いわば地域の会社だから、つぶすにつぶせないということになっている。出資している住民たちもせっせとホテルに泊まりに行く。協力せざるをえなくなる。

デンマークのリアルダニアは、こうした活動をかなり昔から行っている。これは建築保存協会・建築財団・不動産会社が一体となったような組織で、法律上は営利団体である。社員三〇〇名、メンバーは一六万五〇〇〇人である。一五〇年前の組織をもとに二〇〇〇年に設立、古い重要な建物をリノベして賃貸したり、新しい重要な建築も手がけている。投資総額は一兆二〇〇〇億円にも及ぶ。取締役は会員による選挙で選ばれる一一名、研究者・建設会社社長・建築関連の法律関係者・自治体の長などである。

イギリスにはナショナル・トラストというのがある。一八九五年設立、五六万人の会員による慈善団体で、後世に残すべき建築や自然を守る取組みを行っていて、会員の支払う会費が大きな収入源となっている。我が国でもこういう組織ができないものだろうかと私は思う。日本中の古い名建築が、経済性を理由に取り壊されるたびに心が痛む。

日本の場合、寄付したくてもちゃんとまちづくりをやってくれる組織がそもそも少ないともいえる。ヨーロッパでは都市経営を市がみずから行う。アメリカでは多くのまちにTMO（タウンマネジメント・オーガニゼーション）という組織がある。活動資金は商店・企業が拠金するが、行政も固定資産税などの一部で補填する。トップには優秀な人材を高給で迎え、まちの経営を本格的に行っていく。どこのまちの経営リーダーも責任が重い。コストをかけたら最終的には利益を出さなければならない。その利益は透明でなくてはならず、まちに還元される必要がある。

日本人は、まちづくりはボランティアがやるものだくらいに思っている。ちなみに昨今はまちづくりはNPOが担うケースが増えているが、日本の場合はそれが若い人たちに魅力のあるものになっていない。日本には寄付の文化がないためだという指摘がある。アメリカの三四兆六〇〇〇億円に対し日本は一兆二〇〇〇億円、結果として職員給与平均がアメリカ六〇〇万に対し日本二〇〇万なのだという（『日本経済新聞』二〇二二年一二月二七日）。

東岩瀬森家、北前船寄港地の町屋。富山県

山中大介(ヤマガタデザイン)

ホテル水田テラス

建築は誰のものか

かつて日本の建築は長もちするようにつくられていた。熊本などには今も一〇〇年をこす民家が残されている。京都・金沢の町屋・武家屋敷なども平気で一〇〇年二〇〇年もつように建築されていた。都市を構成する建築は、建て直しの際、隣近所に迷惑をかけるので、長寿命とするのが常識であったのである。

ドイツでは前述したように最低一〇〇年もつように建築をつくる。壁は原則二重となっている。冬期の気候が厳しいので断熱のためであるが、外部化粧壁により内部構造壁が雨風から守られるので、建物が長もちする効果もかねている。

第二次大戦後の日本では、いつの間にか短寿命の建築が当たり前になってしまった。残念なのは郊外型商業建築である。短期間で元を取ろうとすれば、建物はその期間だけもてばいいという考え方になってしまう。結果として、日本の郊外はお粗末な建物のオンパレードである。

オフィスビルの場合はもう少しましかもしれない。しかし、あまりに業態や組織構成に合わせてつくるからであろう、三〇年もすると旧式のものとなってしまいがちである。あえなくスクラップされてしまうことになる。

戸建て住宅の場合も深刻である。多くの建主が自分の好みで建て、自分が生きているうち使えればいいと考える。いきおいあまりお金をかけない。結果何年もしないうちにボロボロになってしまう。次の人はガッカリし古い家をつぶして建て替える。この繰返しとなっている。

アメリカは元祖スクラップ&ビルドの国であるが、日本より状況ははるかにましである。戸建て住宅は概して長寿命である。五〇年前の建築でも値打ちが下がらないものがザラにある。木造でも一〇〇年以上経っているものもある。ビンテージものなどといわれて珍重され、新築時より値上がりしたりする。都市部のオフィスビルでも一〇〇年以上使っているものがたくさんある。日本より丁寧に建築を使っていると思う。

なぜこんなことになったのだろうかとずっと考えていた。あるとき、経済学者中川雅之の次のような発言を眼にした。「経済学的に見れば建物をつくることは一種の投資行為で、都市・産業の構造が変化し利益が上げられなくなれば取り壊し、収益性がより高いものにした方がよいと考えるのは至極当然のこと。問題は長く建物を使用した方が得だという社会の仕組みが築かれていないこと」(『建築雑誌』二〇二〇年一二月号)。

この発言に私はショックを受けた。そうなのだ。「建築を長く使うことがトク」という社会的なコンセンサスがないことが日本の問題なのである。

アメリカの戸建て住宅が長寿命なのは、もともと誰でも使えるようにつくっているからなのである。エンジニアリングレポートが常時備えられている。売買や賃貸で住人がかわっても、すぐに使いこなせるようになっている。長寿命がもともと前提になっているのである。

「建築はお金を出す人のものである」という戦後日本社会の間違った常識が問題であると私は考えている。建築は建てた人のものではない。それを利用する人々のものである。欧米ではそれは常識なのである。二〇年使える建築にかかるコストが坪一〇〇万円くらいだとして、それを一〇〇年使えるようなものにしたとき必要とするコストは、せいぜい坪一五〇万円くらいのものであろう。社会全体として見ればどちらがトクかは当然明白である。建築は社会のためにつくるべきものなのである。

戦後の日本は私権が強くなりすぎたのである。建築だけではない。土地も同じである。不動産はすべてみんなで使うみんなのもの、というコンセンサスに戻していくべきときがきていると私は思う。明治以前の日本はそうであった。

マルチハビテーションによって、住宅を所有したいという人々の欲望は、減じつつある。企業も、時代の変化にすばやく対応するために、身を軽くして、不動産の所有と利用を分離する傾向にある。不動産は所詮、限定された期間使用できれば十分なのだ。

それでもお金に余裕のある人々や企業は、新築したいと考えるだろう。その際はけっして自分だけが使いやすい独善的なものをつくらないほうがいいと私は思う。次の人も喜んで使いたくなるようなもののほうが、結果的には資産価値も高くなるのである。

金沢東の廓、古いものを大切にしましょう

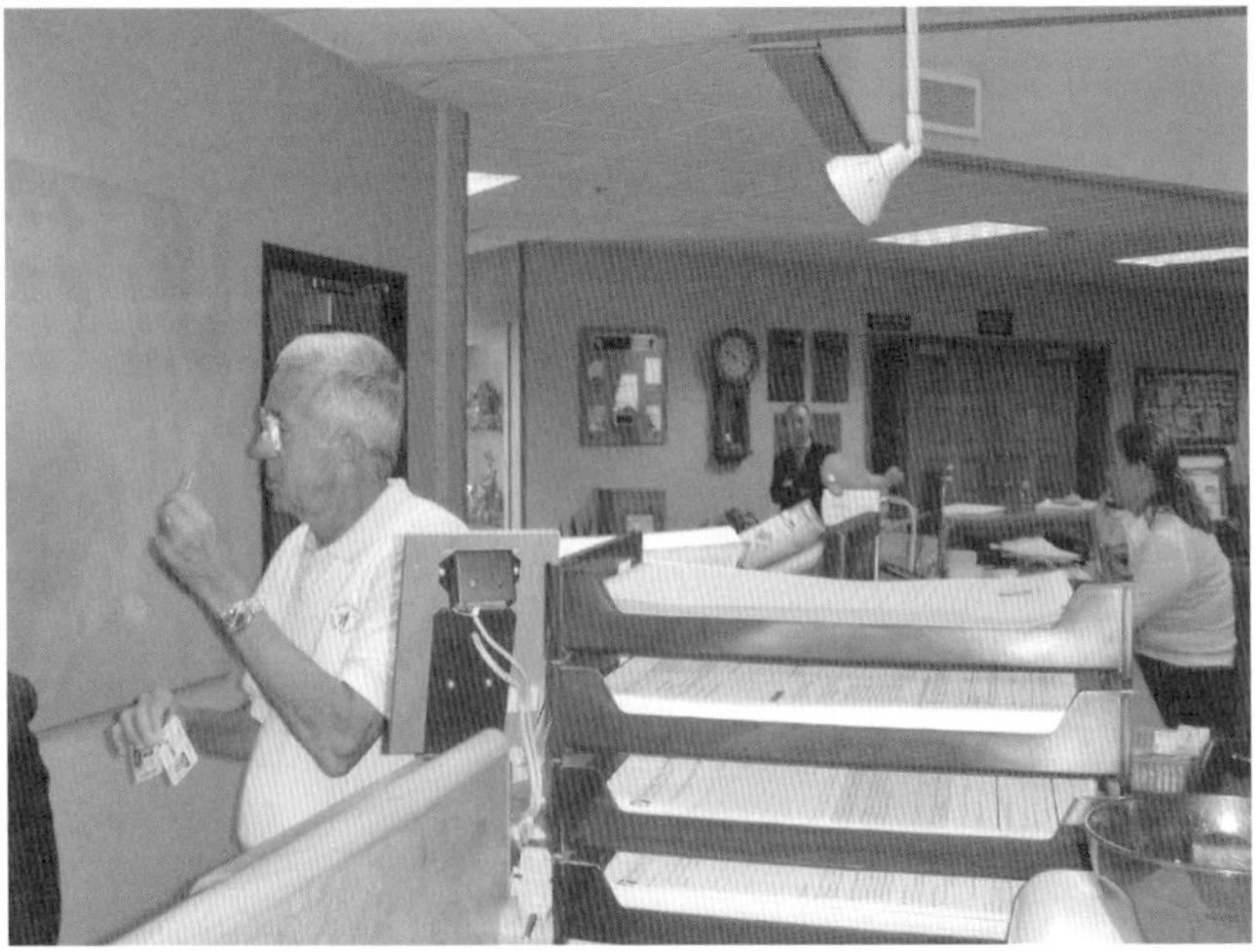

アーバインのアソシエーション、住宅地全体をまとめて管理する

どういうまちをつくるべきか

原広司は次のように書いている。「すべての都市は住居の延長である。住居の重ね合わせが都市である。今日の都市においては住居以外の施設が主要であるかのように見えるが、東京のような多機能な都市においてすら、面積比率は他のすべての建築の二倍を占める。住居の再構築こそ都市の再整備につながっているのである」(『集落の教え100』彰国社)。

彼は、ペルーの大草原に建つ農家には、住棟のほか工場・礼拝堂・図書室・学校・郵便局まで備えているものがあると紹介している。住宅の中に都市を内包しているのである。かつて住宅はそういうものであった。近代都市の生成は、住宅内の諸々の機能の剥奪と外出しのプロセスであった。その結果今や私たちは生活に必要な機能に到達するために、電車・自動車を使わねばならぬはめに陥っている。これからの都市に必要なのは

「住居の奪回」であると彼はつづけている。

私は、住居の奪回とは、歩いて生活できるまちをつくることではないかと理解した。人類は何万年も前から歩いて生きてきた。歩くことは人間にとってもっとも重要な行動のひとつである。単に健康になるだけではない。茂木健一郎は阿川佐和子との対談（『週刊文春』二〇一七年）で、「脳科学的に質の良い意志決定は歩くことによって生まれる」と述べている。ご丁寧にビル・ゲイツとスティーブ・ジョブスのエピソードまで添えている。二人は重要な意志決定をするときは、つねに長く散歩したというのである。

私は第二次大戦後間もない頃の生まれである。子供の頃は一九六〇年代であるが、大都市でもまだ通勤ラッシュなんてなかったと思う。私の住んでいたのは地方の小さな都市であった。父は当然のように徒歩で、母は自転車かバスで、勤めに通っていた。飲んだくれの父が帰途悪い仲間に誘惑されない限り、夕食は一家そろって食卓を囲むのが原則であった。早い夕食を済ませて、一家でまちにくり出して、縁日を楽しんだこともある。どこの家もそんな感じだったと思う。あの頃まちが輝いていたのは、みんな歩いて生活していたからではないかと思う。

　パリ市長のアンヌ・イダルゴは、二〇二〇年に再選されたとき、一五分都市という考え方を提唱した。自転車か徒歩で一五分以内のところに食料品・カフェ・公園・スポーツ施設・職場・学校・医療機関を整備するという計画である。こういうコンパクトな単位でパリを再構成していこう、というアイデアである。良い考えだと思う。私もまちはできれば徒歩でほとんどのことが済ませられるようにつくるべきだと思っている。特別な用事のできたときは、電車やバスを使えばいい。自家用車はあくまでも補完的な手段にとどめておくべきだと考えている。ＳＤＧｓの観点から見て当然の選択である。

　散歩して楽しいまちをつくってほしい。通りすぎただけで心がウキウキするようなまちがいい。ガラス越しにモノや人が見えかくれする。そういう意味ではまちには楽しい商店街は不可欠なのだと思う。まちには楽しいことが待っていてほしい。遊びやイベントが手軽に享受できるとうれしい。たまにはびっくりするようなことにも出くわしたいものだと思う。そのまちでしか体験できない食事・ショー・行事などがあると楽しい。

整ったまちなみは、まちという舞台を演出する。またそれだけで心和ませる効果もある。古いものを生かして味のある空間を演出することも大切だ。

歩きつづけていると、少し休みたくなる。そこには、坐った人を楽しませてくれるような仕掛けがあるとうれしい。緑や水は良いおもてなしの道具立てだと思う。ちなみに最近私は散歩を「サードプレイスをさがし歩くプチ・ジャーニー」と位置付けている。家でも職場でもない第三の居場所を、ひたすらさがし廻っている。新しく見つけると、ひどくうれしい。これがたくさんあればあるほど、人生は豊かになると信じている。

私たちの生活は、ほとんどオンラインで済ませられる時代となってきた。リアルなまちの果たすべき究極の役割は、リアルな人との出会いにつきる。それによってこそ、初めて創造や革新は生まれてくるのである。欲張りなことをいえば、まちで一度くらい芸術や起業が生まれる瞬間に立ち会ってみたいものだと思う。そういうまちを、皆さんの手でぜひつくっていっていただきたいと、希っている。

ペロウリーニョ広場、サルバドール、ブラジル
ブラジル人は陽気である、たえずまちかどを盛り上げている

ニューヨークのいちおし、ハイラインはたたずめる場所

ニューヨークの中心タイムズスクエアに坐り込む

楽しいことが待っている

マドリードでは踊っている

ミュンヘンではパフォーマンス

北京では字を書いている

ロンドンでは寝転んでいる

面白いことをやっている

不思議なものが転がっている

サンフランシスコのオブジェ

シカゴの新しい名物

バーデンバーデンのカフェ、ドイツ

ホテル・リッツのアフタヌーンティー、ロンドン

おいしいものが食べられる

整ったまちなみは心が和む

美しいまちなみ、ブリュッセル、ベルギー

かわいいまちなみ、プレーン、ドイツ

都市は劇場である

お墓だってなかなかのもの

スカルパの名作ブリオン家の墓、
イタリア

世界一美しい墓地レコレータ、
ブエノスアイレス

リノベーションした田子坊、上海

元の香り漂う胡同のまち、北京

古いものを大切にしよう

京都清水界隈

湯布院、大分県

田園の空気はすこやかである。バイブリー、イギリス

おわりに

日本人一人ひとりは、今とても幸せなんだと思います。

ことまちづくりの状況に限っていえば、皆さん家に閉じこもり惰眠をむさぼっていらっしゃるといったところでしょうか。ずっとこの幸せがつづくものとたかをくくっておられるのではないかという感じがします。私は、それは少し甘いのではないかと申し上げたいのであります。日本のまちを覆うこの状況は、果たして持続可能なものでしょうか？時には皆さんサンダルでもはいて、外を散歩してみていただきたいと思います。日本のまちはボロボロで、今にも朽ち果ててしまいかねないところだらけです。

もちろん日本にはまだ良いところはたくさんあります。

安全、清潔、食べ物はおいしいし、人は優しくて洗練されています。ところが今日モノもヒトもとかく分散しがちで出会ったり助け合ったりが難しくなってきています。どこに行けば何が手に入るのかもわかりにくくなってきています。この際、ぜひもう一度いろいろなモノやヒトをまとめて、ついでにボロボロの箇所も直して、良いまちを組み立て直していただけないかと思っています。もって五〇年一〇〇年後の日本の発展の礎をしっかり構築していただけないかと、私は心から希っております。

本書の趣旨を思い立ってから一五年の歳月が流れました。身分不相応の「大風呂敷」を私の都市に対する愛に免じて、お赦しいただければと思います。途中、何度もくじけかけましたが、非力な着想のわらくずたちでも、皆様のまちづくりのヒントくらいにはなるかもしれないと思い直し、本にまとめるところまで何とかたどりつきました。

編集にあたり、四方陽子さん、毛塚ひかりさん、相川幸二さんに大変お世話になりました。どうもありがとうございました。ＵＧ都市建築建築設計部スタッフ諸君には図表の作成を手伝っていただきました。あらためて御礼申し上げます。

二〇二四年新春

参考文献

・『星の王子さま』アントワーヌ・ド・サン=テグジュペリ

第Ⅰ章
・『住居集合論』ⅠⅡ　東京大学生産技術研究所原研究室　鹿島出版会
・『空気の研究』山本七平　文藝春秋

第Ⅱ章
・『ローマの国の物語』塩野七生　新潮社
・『古代ギリシャとローマの都市』J・B・ワード=パーキンズ　井上書院
・『都市プランの研究』矢守一彦　大明堂
・『都市はどのようにつくられてきたか』アーヴィン・Y・ガランタイ　井上書院
・『都市はいかにつくられたか』鯖田豊之　朝日新聞社
・『近代都市』フランソワーズ・ショエ　井上書院
・『誰がパリをつくったか』宇田英男　朝日新聞社
・『イギリスの郊外住宅』片木篤　住まいの図書出版局
・『オランダの都市と集住』ドナルド・グリンバーグ　住まいの図書出版局

第Ⅲ章

・『日本史を読む』丸谷才一・山崎正和　中央公論新社
・『町衆』林屋辰三郎　中公新書
・『痛恨の江戸東京史』青山佾　祥伝社
・『日本とは何か』網野善彦　講談社
・『江戸の備忘録』磯田道史　文藝春秋
・『日本史の謎は「地形」で解ける』竹村公太郎　ＰＨＰ研究所
・『水辺から都市を読む』陣内秀信・岡本哲志　法政大学出版局
・『江戸・東京の都市史』松山恵　東京大学出版会
・『明治の東京計画』藤森照信　岩波書店
・『後藤新平』山岡淳一郎　草思社
・『東京』陣内秀信　文藝春秋
・『郊外住宅地の系譜』山口廣編　鹿島出版会
・『近代日本の郊外住宅地』片木篤・角野幸博・藤谷陽悦　鹿島出版会
・『マンション60年史』高層住宅史研究会編　住宅新報社

第Ⅳ章

・『マルチハウジング論』住田昌二　ミネルヴァ書房
・『商店街はなぜ滅びるのか』新雅史　光文社
・『にぎわいを呼ぶイタリアのまちづくり』宗田好史　学芸出版社

写真・図版出典リスト

五頁……コルチュラ／『住居集合論』Ｉ　東京大学生産技術研究所原研究室
　鹿島出版会
四九頁……ポンペイ都市図／桂田啓祐作成
五五頁……トリーア／『都市プランの研究』矢守一彦　大明堂
六七頁……ロンドン・サークルライン／杉江隆成作成、ロンドン都市図／伊藤正洋作成
七一頁……ニューヨーク航空写真／アクセルスペース社撮影
九七頁……江戸土地利用計画図／野村香奈江作成
一二四頁……江戸期航路図／中元萌衣作成
一二〇頁……イタリアの地図／『街並みの美学』芦原義信　岩波書店
一二三頁……帝都復興計画／伊東市木下杢太郎記念館所蔵
　一五〇周年記念後藤新平展　江戸東京博物館二〇〇七年
一二八頁……セントラルコア・エリア／永盛栞作成、
　トップレストラン主要都市の分布図／森記念財団都市戦略研究所
一二九頁……鉄道網／永盛栞作成
一三九頁……明治初期の江戸／『そこにあった江戸』上條真埜介編　求龍堂
前記以外……著者

著者略歴

山下昌彦（やました・まさひこ）

建築家、都市計画家、UG都市建築代表取締役社長。一九五二年甲府市生まれ。一九七六年東京大学大学院修士課程修了、ハンブルク大学大学院博士課程在籍、松田平田設計、フォン・ゲルカン・マルク事務所（ドイツ）在籍。一九八六年独立。
主な作品に、「みなとみらい線新高島駅」「アクシア麻布」「大崎ウエストシティタワーズ」など。
主な著書に、『建築家だって散歩する』（コム・ブレイン）、『甲府のまちはどうしたらよいか？』（山梨日日新聞社）など。

ウィーンはちょうどいい大きさのまちである。グラーベン通りのにぎわい

都市《とし》はよみがえる

二〇二四年三月二五日　第一刷発行

著者　山下昌彦《やましたまさひこ》
発行者　新妻 充
発行所　鹿島出版会
〒一〇四-〇〇六一　東京都中央区銀座六-一七-一　銀座六丁目-SQUARE七階
電話　〇三-六二六四-二三〇一
振替　〇〇一六〇-二-一八〇八八三

ブック・デザイン　舟山貴士
カバーイラスト　森 千章
印刷製本　壮光舎印刷

ISBN 978-4-306-07367-8 C3052

本書の内容に関するご意見・ご感想は左記までお寄せください。
URL:https://www.kajima-publishing.co.jp/
e-mail:info@kajima-publishing.co.jp